高等职业技术教育"十三五"规划教材——铁道机车类

电力电子技术项目教程

主 编◎崔 晶 王 博

西南交通大学出版社
·成 都·

图书在版编目（CIP）数据

电力电子技术项目教程 / 崔晶，王博主编. —成都：
西南交通大学出版社，2017.8
ISBN 978-7-5643-5574-6

Ⅰ. ①电… Ⅱ. ①崔… ②王… Ⅲ. ①电力电子技术
– 职业教育 – 教材 Ⅳ. ①TM1

中国版本图书馆 CIP 数据核字（2017）第 164994 号

电力电子技术项目教程

主编　崔　晶　王　博

责任编辑	李芳芳
助理编辑	梁志敏
封面设计	严春艳

出版发行	西南交通大学出版社
	（四川省成都市二环路北一段 111 号
	西南交通大学创新大厦 21 楼）
邮政编码	610031
发行部电话	028-87600564
官网	http://www.xnjdcbs.com
印刷	四川煤田地质制图印刷厂

成品尺寸	185 mm × 260 mm
印张	11.5
字数	286 千
版次	2017 年 8 月第 1 版
印次	2017 年 8 月第 1 次
定价	29.00 元
书号	ISBN 978-7-5643-5574-6

课件咨询电话：028-87600533
图书如有印装质量问题　本社负责退换
版权所有　盗版必究　举报电话：028-87600562

本书为轨道交通、机电类职业技术教育规划教材之一，可作为高职高专"轨道交通""电气工程""自动化""机电一体化"等专业"电力电子技术"课程的教科书，也可作为相关专业师生、从事电力电子技术工作技术人员的参考用书。

电力电子技术的发展以新型器件与先进的控制技术为原动力。随着半导体技术、控制技术的长足发展，电力电子技术跟随新技术发展的潮流，其研究领域不断变化、革新。为适应新技术发展的需求，改变传统课堂单一教学的局限性，本教材在讲述电力电子技术经典理论的基础上，开发出应用前沿的项目实例，采用理论与实践相结合的教学方法，及时跟进技术革新发展的步伐。

书中涉及的项目均结合实际，难易适宜，可行性高，并且在电力电子技术领域具有实时性、前瞻性。在教学活动中以任务驱动为导向，在理论知识课堂教学的基础上，进行项目实例训练。在项目实例训练的过程中，按照实际项目开展的一般顺序，锻炼学生认知电力电子技术电路、焊接与调试电路、分析与解决项目相关问题等的综合能力。

本书由西安铁路职业技术学院崔晶、王博担任主编并负责整篇统稿工作，由西安铁路职业技术学院王晓琴、虞梦月、刘芳璇、侯艳、周磊、华为技术有限公司工程师张波参与编写，北京交通大学黄彧、西安铁路局西安机车检修段高素琴担任主审。全书共分7章，崔晶编写第1章；王博编写绪论、项目一至项目四、项目六、第7章；王晓琴编写第2章；虞梦月编写第3章；刘芳璇编写第4章；侯艳编写第5章；周磊编写第6章；张波编写项目五。在本书编写的过程中，各位老师辛勤付出，对本书的规划、方案提出了宝贵的建议，在此表示衷心的感谢。书中参阅了大量的著作、文献、论文、专利及互联网资料，在此向相关文献的原作者表示由衷的谢意。

需要特别说明是：书中部分插图系采用国际上广泛使用的电路设计软件绘制，图中某些标注和符号与我国现行标准不完全一致。为便于学生学习实践，对这些电路图未做改动。

限于编者水平有限，书中难免存在不当之处，恳请广大读者批评指正！

编 者

2017 年 5 月

MULU ‖ 目　录

绪 论

1. 电力电子技术的概念

电力电子技术与信息电子技术（模拟电子技术与数字电子技术）是电力电子技术的两大分支。电力电子技术是应用于电力领域的电子技术，主要研究应用各种电力电子器件，以及由这些电力电子器件所构成的各式各样的电路或装置，实现对电能的变换和控制。

电力电子技术是建立在电子学、电力学和控制学三个学科基础上的一门边缘学科。它既是电子技术在强电（高电压、大电流）或电工领域的一个分支，又是电力技术在弱电（低电压、小电流）或电子领域的一个分支，或者说是强弱电相结合的新科学。它运用弱电（电子技术）控制强电（电力技术），是强弱电相结合的新学科，是横跨"电子""电力"和"控制"三个领域的一个新兴工程技术学科。1974 年，美国的 W.Nwell 用图 0-1 所示的倒立三角形对电力电子技术进行了描述。

电力电子技术是目前最活跃、发展最快的一门学科，随着科学技术的发展，电力电子技术又与现代控制理论、材料科学、电机工程、微电子技术等许多领域密切相关，已逐步发展成为一门多学科互相渗透的综合性技术科学。

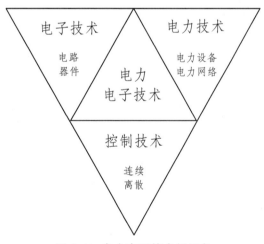

图 0-1 电力电子技术倒三角

2. 电力电子技术的发展历史

电力电子技术是以电力电子器件为核心发展起来的。在有电力电子器件以前，电能转换是依靠旋转机组来实现的。与这些旋转式的交流机组相比，利用电力电子器件组成的静止的电能变换器，具有体积小、重量轻、无机械噪声和磨损、效率高、易于控制、响应快及使用方便等优点。

从 1957 年第一只晶闸管诞生至 20 世纪 80 年代为传统电力电子技术阶段。此期间的主要器件是以晶闸管为核心的半控型器件，由最初的普通晶闸管逐渐派生出快速晶闸管、双向晶闸管等许多品种，形成一个晶闸管大家族。器件的功率越来越大，性能越来越好，电压、电流、di/dt、du/dt 等各项技术参数均有很大提高。目前，单只晶闸管的最高耐压可达 8 000 V，最大电流可达 6 000 A。

20 世纪 70 年代以后，出现了通和断或开和关都能控制的全控型电力电子器件（亦称自关断型器件），如：门极可关断晶闸管（GTO）、双极型功率晶体管（BJT/GTR）、功率场效应晶体管（P-MOSFET）、绝缘栅双极型晶体管（IGBT）等。

控制电路经历了由分立元件到集成电路的发展阶段。现在已有专为各种控制功能设计的专用集成电路，使变换器的控制电路大为简化。

微处理器和微型计算机的引入，特别是它们的位数成倍增加，运算速度不断提高，功能不断完善，使控制技术发生了根本的变化，控制不仅依赖硬件电路，而且可利用软件编程，既方便又灵活。

各种新颖、复杂的控制策略和方案得到实现，并具有自诊断和智能化的功能。目前还可将新的控制理论和方法应用在变换器中。

综上所述，微电子技术、电力电子器件和控制理论是现代电力电子技术的发展动力。

3. 电力电子技术的应用

电能存在的形式有直流（DC）和交流（AC）两大类。前者有电压幅值和极性的不同，后者除电压幅值和极性外，还有频率和相位的差别。实际应用中，常常需要在两种电能之间，或对同种电能的一个或多个参数（如电压、电流、频率和功率因数等）进行变换。

电力电子变换共有四种类型：交流-直流（AC-DC）变换，将交流电转换为直流电；直流-交流（DC-AC）变换，将直流电转换为交流电，这是与整流相反的变换，也称为逆变，当输出接电网时，称之为有源逆变，当输出接负载时，称之为无源逆变；交流-交流（AC-AC）变换，将交流电能的参数（幅值或频率）加以变换，其中改变交流电压有效值称为交流调压，将工频交流电直接转换成其他频率的交流电称为变频；直流-直流（DC-DC）变换，将恒定直流变成断续脉冲输出，以改变其平均值。

电力电子技术的应用领域相当广泛，遍及庞大的发电厂设备到小巧的家用电器等几乎所有电气工程领域。容量可达 1 GW 至几瓦不等，工作频率也可由几赫兹至数兆赫兹。

1）一般工业应用

一般工业中大量应用各种交直流电动机。直流电动机有良好的调速性能。为其供电的可控整流电源或直流斩波电源都是电力电子装置。近年来，由于电力电子变频技术的迅速发展，使得交流电动机的调速性能可与直流电动机相媲美，交流调速技术大量应用并占据主导地位。大至数千千瓦的各种轧钢机，下到几百瓦的数控机床的伺服电动机都广泛采用电力电子交直流调速技术。一些对调速性能要求不高的大型鼓风机等近年来也采用了变频装置，以达到节能的目的。还有一些不调速的电动机为了避免启动时的电路冲击而采用了软启动装置，这种软启动装置也是电力电子装置。

电化学工业大量使用直流电源，电解铝、电解食盐水等都需要大容量整流电源。电镀装置也需要整流电源。

电力电子技术还大量用于冶金工业中的高频或中频感应加热电源、淬火电源等场合。

2）交通运输

电气化铁道中广泛采用电力电子技术。电力机车中的直流机车采用整流装置，交流机车采用变频装置。直流斩波器也广泛用于铁道车辆。在未来的磁悬浮列车中，电力电子技术更是一项关键技术。除牵引电动机传动外，车辆中的各种辅助电源也都离不开电力电子技术。

电动汽车的电机靠电力电子装置进行电力变换和驱动控制，其蓄电池的充电也离不开电力电子装置。一台高级汽车需要许多控制电机，它们也要靠变频器和斩波器驱动并控制。

飞机、船舶需要很多不同要求的电源，因此航空和航海都离不开电力电子技术。

如果把电梯也算作交通运输工具，那么它也需要电力电子技术。以前的电梯大都采用直流调速系统，而近年来交流调速已成为主流。

3）电力系统

电力电子技术在电力系统中有着非常广泛的应用。据估计，发达国家在用户最终使用的电能中，有60%以上的电能至少经过一次以上的电力电子变流装置的处理。在通向电力系统现代化的进程中，电力电子技术是关键技术之一。可以毫不夸张地说，如果离开电力电子技术，电力系统的现代化就是不可想象的。

直流输电在长距离、大容量输电时有很大的优势，其送电端的整流阀盒、受电端的逆变阀都采用晶闸管变流装置。近年发展起来的柔性交流输电也是依靠电力电子装置才得以实现。

无功补偿和谐波抑制对电力系统有重要的意义。晶闸管控制电抗器（TCR）、晶闸管投切电容器（TSC）都是重要的无功补偿装置。近年来出现的静止无功发生器（SVG）、有源电力滤波器（APF）等新型电力电子装置具有更为优越的无功功率和谐波补偿的性能。在配电网系统中，电力电子装置还可用于防止电网瞬时停电、瞬时电压跌落、闪变等，以进行电能质量控制，改善供电质量。

在变电所中，给操作系统提供可靠的交直流操作电源、给蓄电池充电等都需要电力电子装置。

4）电子装置用电源

各种电子装置一般都需要不同电压等级的直流电源供电。通信设备中的程控交换机所用的直流电源采用全控型器件的高频开关电源。大型计算机所需的工作电源、微型计算机内部的电源也都采用高频开关电源。在各种电子装置中，以前大量采用线性稳压电源供电，由于开关电源体积小、重量轻、效率高，现在已逐步取代了线性电源。因为各种信息技术装置都需要电力电子装置提供电源，所以可以说信息电子技术离不开电力电子技术。

5）家用电器

种类繁多的家用电器，小至一台调光灯具、高频荧光灯具，大至通风取暖设备、微波炉以及众多电动机驱动设备都离不开电力电子技术。

电力电子技术广泛用于家用电器，使得它和我们的生活变得十分贴近。

6）其　他

不间断电源（UPS）在现代社会中的作用越来越重要，用量也越来越大。目前，UPS 在电力电子产品中已占有相当大的份额。

以前电力电子技术的应用偏重于中、大功率。现在，在 1 kW 以下甚至几十瓦以下的功率范围内，电力电子技术的应用也越来越广，其地位也越来越重要。这已成为一个重要的发展趋势，值得引起人们的注意。

总之，电力电子技术的应用范围十分广泛。从人类对宇宙和大自然的探索，到国民经济的各个领域，再到我们的衣食住行，到处都能感受到电力电子技术的存在和巨大魅力。

4. 电力电子技术课程的学习要求

（1）熟悉和掌握常用电力电子器件的工作机理、特性和参数，能正确选择和使用电力电子器件。

（2）熟悉和掌握各种基本变换器的工作原理，特别是各种基本电路中的电磁过程，掌握其分析方法、工作波形分析和变换器电路的初步设计计算。

（3）了解各种变换器的特点、性能指标和使用场合。

（4）在项目实例中理解各种形式的变换电路、控制电路、缓冲电路和保护电路。

（5）掌握基本实验方法与训练基本实验技能。

第1章　电力电子器件

1.1　电力电子器件概述

1.1.1　电力电子器件的特征

电力电子器件又称功率半导体器件，应用于电气设备或电力系统中，实现电能的变换和控制。它是电力电子装置的核心，因此，掌握各种电力电子器件的特性和使用方法，是学好电力电子技术的前提。

电力电子器件具有如下特征：

（1）电力电子器件所能处理的电功率，小至毫瓦级，大至兆瓦级，一般来说，远大于处理信息的电子器件。

（2）电力电子器件一般工作在开关状态。开通时阻抗很小，管压降接近于零；关断时阻抗很大，流过的电流几乎为零，接近于断路。因此，电力电子器件的开关特性（即动态特性）和参数，是电力电子器件特性中很重要的方面。对比模拟电子电路中的电子器件，一般都是工作在线性放大状态。数字电子电路中的电子器件，虽然一般也工作在开关状态，但其目的是以开关状态来表示不同的信息。

（3）电力电子器件的工作一般需要信息电子电路来控制。信息电子电路和电力电子电路处理的功率差异很大，信息电子电路的信号往往不能直接处理电力电子器件的导通或关断，需要一定的中间电路（即电力电子器件的驱动电路）对这些信号进行适当的放大。

（4）电力电子器件还需要考虑散热设计。相比信息电子器件，电力电子器件在开通和关断过程中会有较大的功率损耗，从而导致电力电子器件温度过高。为了防止器件损坏，不仅需要考虑器件封装上的散热，在其工作时往往还需要配备相应的散热器。

1.1.2　电力电子器件的发展历程

第一代的电力电子器件以普通晶闸管为代表。通过控制极只能控制其开通，而不能控制其关断，是一种半控型器件。它的开关特性较差，适用工作频率较低。随着新型自关断器件的发展，晶闸管的应用领域已经缩小，但因其具备耐高电压、大电流的特性，时至今日，在某些场合仍然占据重要的地位。

自20世纪70年代末开始发展起来的第二代电力电子器件，包括电力晶体管（GTR）、门极可关断晶闸管（GTO）、电力场效应晶体管（Power MOSFET）和绝缘栅双极型晶体管（IGBT）等。它们的特点是：通过控制极既可以控制其开通，又可以控制其关断，是全控型器件；开关特性好，适用工作频率较高。

随着工艺水平的不断提高，功率集成电路（PIC）于 20 世纪 80 年代中期开始出现。它属于第三代电力电子器件，特点是把功率器件和驱动电路、控制电路、保护电路等不同功能的单元集于一体，具有电路的特征，实现了器件与电路的集成、强电与弱电的结合。

1.1.3 电力电子器件的分类

根据开通、关断时器件的受控性，可将电力电子器件分为以下三类：不可控器件、半控型器件和全型控器件。

1. 不可控器件

不可控器件是不能用控制信号来控制其通断的电力电子器件，因此也就不需要驱动电路。这类器件主要就是电力二极管，它的开通与关断由其在电路中所承受的电压决定，具有单向导电性。

2. 半控型器件

通过控制端来控制器件的开通，但是不能控制其关断的电力电子器件，属于半控型器件，典型的代表是普通晶闸管及其派生器件。这类器件的特点是：其控制端在器件导通后即失去对器件的控制能力，即无法通过控制端来关断器件；器件的关断由其承受的电压和电流来决定。

3. 全控型器件

全控型器件是一类既可以通过控制端控制其开通，又可以控制其关断的电力电子器件。与半控型器件相比，这类器件可以通过控制端实现器件的关断，因此又称为自关断器件。门极可关断晶闸管（GTO）、电力场效应晶体管（Power MOSFET）和绝缘栅双极型晶体管（IGBT）等常用器件都属于全控型器件。

根据驱动电路加在电力电子器件控制端和公共端之间信号的不同，可将电力电子器件分为电流控制型器件和电压控制型器件两类。

1. 电流控制型器件

电流控制型器件即通过向控制端注入或抽出电流来控制其开通和关断的电力电子器件。属于电流控制型的器件有普通晶闸管、门极可关断晶闸管（GTO）等。

2. 电压控制型器件

电压控制型器件即通过在控制端和公共端之间施加一定的电压信号来控制其开通和关断的电力电子器件。属于电压控制型的器件有电力场效应晶体管（Power MOSFET）、绝缘栅双极型晶体管（IGBT）等。与电流控制型器件相比，电压控制型器件控制端的驱动功率要小得多。

根据器件内部电子和空穴两种载流子参与导电的情况，可分为单极型、双极型和复合型三类。

1. 单极型器件

单极型器件由一种载流子（电子或者空穴）参与导电，如电力场效应晶体管（Power MOSFET）。单极型器件只有多数载流子导电，没有少数载流子的存储效应，故开通、关断时间短。

2. 双极型器件

双极型器件由电子和空穴这两种载流子参与导电，如电力二极管、普通晶闸管、门极可关断晶闸管（GTO）等。它的导通压降较低，阻断电压较高，电压和电流的额定值较高，适用于大中容量的电力电子装置。

3. 复合型器件

复合型器件是由单极型器件和双极型器件组合而成的复合电力电子器件，即为复合型器件，如绝缘栅双极型晶体管（IGBT）等。它兼有单极型器件响应速度快和双极型器件电流密度高、导通压降低的优点，具有良好的发展前景。

1.2　电力二极管

用于电力变换的二极管，也称为电力二极管，其基本结构和工作原理与信息电子电路中的二极管是一样的，都是以半导体 PN 结为基础，电力二极管的电压、电流额定值相比而言更高。它是 P 型半导体和 N 型半导体相结合（称为 PN 结）的两层结构器件，在 P 型半导体上设置正极端，在 N 型半导体上设置负极端，再用外壳加以密封，如图 1-1 所示。

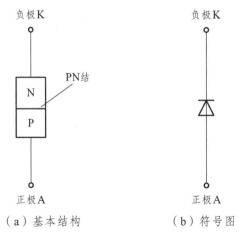

（a）基本结构　　　　　（b）符号图

图 1-1　电力二极管的基本结构和符号

1.2.1　电力二极管的基本特性和主要参数

电力二极管的静态特性（即伏安特性），如图 1-2 所示。

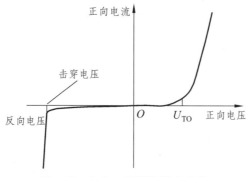

图 1-2　电力二极管的伏安特性

当电力二极管承受的正向电压大于门槛电压 U_{TO} 时，正向电流开始明显增加，此时电力二极管处于导通状态；当电力二极管承受反向电压时，只有少数载流子引起微小而数值恒定的反向漏电流。当反向电压超过一定的数值时，反向电流会急剧增加，这种现象称为击穿现象，此时的反向电压值称为击穿电压。加在电力二极管两端的电压不能超过击穿电压，否则易造成器件的损坏。由以上特性，可将电力二极管视为一个正方向导电、反方向阻断电压的静态单向电力电子开关。

电力二极管的主要参数包括：

1. 额定电压 U_{RR}

电力二极管的额定电压 U_{RR} 是指它能承受的反向重复施加的最大峰值电压。额定电压 U_{RR} 应该小于电力二极管的反向击穿电压。

2. 正向平均电流 $I_{F(AV)}$（额定电流）

电力二极管长期运行，在规定的管壳温度（即壳温）和散热条件下，其允许通过的最大工频正弦半波电流的平均值，称为正向平均电流。将此电流值取规定系列的电流等级值，即为元件的额定电流。

此参数是按照正向电流造成器件本身的通态损耗的发热效应来定义的，其热效应仅和电流的有效值有关。使用时，应按照实际波形的电流有效值与平均电流有效值相等的原则来选取电力二极管的额定电流，并留有一定的安全裕量。

3. 正向压降 U_F

正向压降是指电力二极管在规定温度下，流过一定的稳态正向电流时所对应的二极管导通压降。它对电力二极管的通态损耗产生影响。

4. 浪涌电流 I_{FSM}

浪涌电流是指电力二极管所能承受的最大的、连续一个或几个工频周期的过电流。

5. 反向恢复时间 t_{rr}

由半导体的知识可知，电力二极管 PN 结中的电荷随外加电压而变化，呈现电容效应，称为结电容。由于结电容的存在，给处于正向导通状态的电力二极管施加反向电压时，电力二极管不能立即转为截止状态，因为结电容中的电荷需要一定的时间来恢复。只有当存储的电荷完全复合后，电力二极管才能完全恢复阻断状态。如图 1-3 所示，这一过程称为二极管的反向恢复过程。反向恢复时间 t_{rr} 通常定义为从电流下降为零至反向电流衰减至反向恢复电流峰值一定数值（一般取 10% 或 25%）的时间，它与结温、正向导通时的最大正向电流以及反向电流上升率有关。定义其中的电流下降时间 t_f 与延迟时间 t_d 的比值为软化系数 SF（Softness Factor）。软化系数越大，表明在同样的外电路条件下，电力二极管在关断过程中反向电流衰减缓慢，所产生的反向电压尖峰也越小。

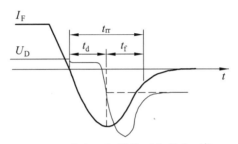

图 1-3　电力二极管的反向恢复过程

1.2.2　电力二极管的主要类型

常用的电力二极管按半导体物理结构和工艺的差别，可分为以下几类，同时它们的性能（如正向压降、反向压降、反向漏电流，反向恢复时间等）存在着差异。

1. 整流二极管

整流二极管多使用在低开关频率（1 kHz 以下）的整流电路中，其反向恢复时间较长，一般在 5 μs 以上；其正向额定电流和反向额定电压较高，可达到数千安和数千伏以上。

2. 快速恢复功率二极管

快速恢复功率二极管的恢复过程很短，特别是反向恢复过程，一般反向恢复时间小于 5 μs，所以通常也可简称为快速二极管，其中超快速二极管的反向恢复时间甚至可以达到 20 ~ 30 ns。快速恢复功率二极管的正向额定电流和反向额定电压要低于整流二极管。

3. 肖特基二极管

以金属和半导体直接接触形成的势垒为基础的二极管，称为肖特基二极管。与以 PN 结为基础的电力二极管相比，肖特基二极管的优点在于：反向恢复时间很短（10 ~ 40 ns），反向恢复的过程中没有明显的反向电压尖峰，允许的工作频率高，正向压降小（一般小于 0.5 V），功耗低。但以上优点只限于低耐压（通常在 200 V 以下）的场合，若承受的反向耐压数值升高，其正向压降也会随之增大，且反向漏电流较大，并对温度敏感，由此带来的反向稳态损耗不能忽略。

1.3 晶闸管

晶闸管是晶体闸流管的简称，又称为可控硅整流器。广义上讲，晶闸管包括普通晶闸管及其所有派生器件，如快恢复晶闸管、双向晶闸管、光控晶闸管等。但在实际中，晶闸管这个名称通常专指普通晶闸管。它属于一种半控型器件，所能承受的电压和电流容量是目前电力电子器件中最高的。

1.3.1 晶闸管的结构和工作原理

晶闸管有三个电极：阳极 A、阴极 K 和门极 G，它是一个四层（PNPN）三端器件，形成 J_1、J_2、J_3 共 3 个 PN 结。其基本结构和电气符号如图 1-4 所示。

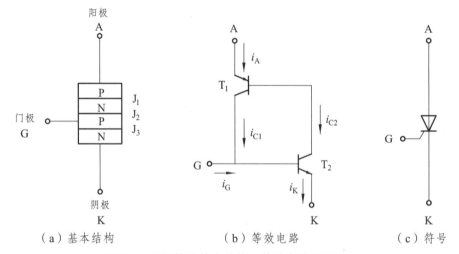

（a）基本结构　　　　　（b）等效电路　　　　　（c）符号

图 1-4　晶闸管的基本结构、等效电路和符号

一个晶闸管可以等效为一个 PNP（T_1）和一个 NPN（T_2）组合而成的复合管，如图 1-4（a）和（b）所示。当门极 G 电压信号为零时，即使在阳极 A 和阴极 K 两端施加正电压，由于中间的 PN 结 J_2 为反偏置，所以晶闸管不导通；或者在阳极 A 和阴极 K 两端施加反电压，中间的 PN 结 J_2 为正偏置，但 PN 结 J_1 和 J_3 为反偏置，呈反向阻断状态，所以晶闸管仍然不会导通。

只有当在阳极 A 和阴极 K 两端施加正向电压，同时在门极 G 和阴极 K 之间也施加正向触发信号，此时晶闸管可等效为两个互补的三极管，门极有足够的电流 i_G 流入时，就形成强烈的正反馈，使两个三极管饱和导通，即晶闸管导通。此工作过程可简单表示为：

$u_{GK} > 0 \rightarrow$ 产生 $i_G \rightarrow T_2$ 导通 $\rightarrow$ 产生 $i_{C2} \rightarrow T_1$ 导通 $\rightarrow i_{C1} \nearrow \rightarrow i_{C2} \nearrow \rightarrow$ 出现强烈的正反馈。

一旦晶闸管被触发导通后，只要晶闸管中流过的电流达到一定临界值（该临界电流值称为擎住电流）以后，即使此时门极信号 i_G 为 0，晶闸管仍然能够自动维持导通。要使晶闸管关断，只能利用外电路使晶闸管电流降到接近于零的某一数值以下。

需要注意的是，以下三种情况，晶闸管没有施加门极触发信号也可以由关断状态转变成导通状态，在使用的过程中要避免。

（1）正向转折导通：提高 u_{AK} 正向电压，阳极电流 i_A 增加，直至晶闸管转入导通。

（2）温度导通：当温度增加时，流过 PN 结 J_2 的反偏漏电流也增加，直至晶闸管转入导通。

（3）du/dt 导通：由于各 PN 结都存在着结电容，在阳极 A 和阴极 K 两端加正向变化的电压时，各 PN 结将流过充电电流，其作用也相当于阳极电流 i_A 增加，直至晶闸管转入导通。

1.3.2 晶闸管的特性

1. 晶闸管的静态伏安特性

晶闸管的静态伏安特性如图 1-5 所示，位于坐标的第 I 象限和第 III 象限。第 I 象限表示的是正向特性，第 III 象限表示的是反向特性。

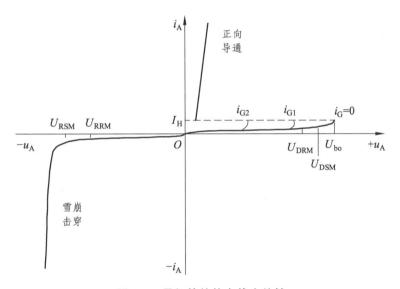

图 1-5　晶闸管的静态伏安特性

晶闸管的正向特性有阻断状态和导通状态之分。门极电流 i_G 为 0 时，在器件的阳极 A 和阴极 K 两端施加正向电压，晶闸管呈现正向阻断状态，只有很小的正向漏电流流过。正向电压超过临界极限即正向转折电压 U_{bo} 时，漏电流急剧增大，特性从高阻区（阻断状态）经负阻区（虚线）到达低阻区（导通状态）。晶闸管在导通状态下，通过较大的阳极电流，晶闸管本身的压降很小，约为 1 V。在正常工作时，不允许在 i_G 为 0 时把正向阳极电压加到转折电压 U_{bo}，而是应该从门极输入触发电流 i_G，使晶体管导通。随着门极电流 i_G 幅值的增大，正向转折电压 U_{bo} 降低。导通后的晶闸管特性和二极管的正向特性类似。导通期间，如果门极电流 i_G 为零，并且阳极电流降至接近于零的某一数值 I_H 以下，则晶闸管又回到正向阻断状态，I_H 称为维持电流。

晶闸管施加反向电压时，其伏安特性类似二极管的反向特性。在这种情况下，无论门极是否有触发电流 i_G，晶闸管总是处于反向阻断状态，只有极小的反相漏电流流过。当反向电压超过一定限度到反向击穿电压时，外电路若没有限制措施，则反向漏电流急剧增加，导致晶闸管发热损坏。

2. 晶闸管的动态特性

晶闸管只有导通和阻断这两种稳定状态，不能作为波形放大使用。晶闸管在电路中的工作过程如图 1-6 所示。

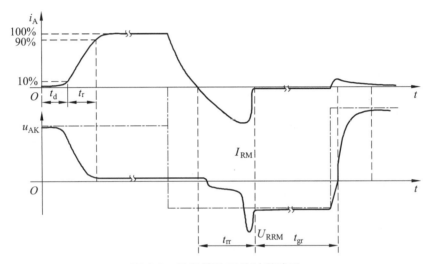

图 1-6　晶闸管的开关过程波形

在坐标轴原点时刻，施加理想的门极触发信号，由于晶闸管内部的正反馈过程需要时间，同时有外电路中电感的限制，阳极电流不能瞬时增加。门极电流从阶跃时刻开始，到阳极电流上升到稳态值的 10% 的时间称为延迟时间 t_d，同时晶闸管的正向压降也减小。阳极电流从 10% 上升到稳态值的 90% 所需的时间称为上升时间 t_r，开通时间即为 t_d 和 t_r 两者之和。普通晶闸管的延迟时间 t_d 为 0.5 ~ 1.5 μs，上升时间 t_r 为 0.5 ~ 3 μs。

在某一时刻，外加的阳极电压突然反向，此时门极没有触发信号，由于外电路中电感的存在，阳极电流的衰减也存在着过渡过程。阳极电流逐渐衰减到零，在反方向流过反向恢复电流，到达最大值 I_{RM} 后，再反方向衰减。在恢复电流快速衰减的同时，由于外电路中电感的作用，会在晶闸管两端引起反向的尖峰电压 U_{RRM}，其大小与外电路电感有密切关系。反向恢复电流最终衰减至接近于零，晶闸管恢复其对反向电压的阻断能力。从正向电流降为零到反向恢复电流衰减至接近于零的这段时间，称为反向阻断恢复时间 t_{rr}。晶闸管要恢复其对正向电压的阻断能力还需要一段时间，这就是正向阻断恢复时间 t_{gr}。在正向阻断恢复时间内如果重新对晶闸管施加正向电压，晶闸管会重新正向导通。在实际应用中，应对晶闸管施加足够长时间的反向电压，使晶闸管充分恢复其对正向电压的阻断能力，电路才能可靠工作。晶闸管的关断时间即为 t_{rr} 和 t_{gr} 两者之和，普通晶闸管的关断时间为几百微秒。

1.3.3 晶闸管的主要参数

1. 晶闸管的电压参数

1）断态重复峰值电压 U_{DRM}

断态重复峰值电压是晶闸管处于额定结温且门极开路时，允许重复加在器件上的正向峰值电压。此电压规定为断态不重复峰值电压（即断态最大瞬时电压）U_{DSM} 的 90%。

2）反向重复峰值电压 U_{RRM}

反向重复峰值电压是晶闸管处于额定结温且门极开路时，允许重复加在器件上的反向峰值电压。此电压规定为反向不重复峰值电压（即反向最大瞬时电压）U_{RSM} 的 90%。

3）额定电压

通常取晶闸管的断态重复峰值电压 U_{DRM} 和反向重复峰值电压 U_{RRM} 中较小的标值作为该器件的额定电压，并按标准电压等级取整数。实际选用时，额定电压一般取正常工作时晶闸管所承受峰值电压的 2～3 倍作为安全裕量。

2. 晶闸管的电流参数

1）通态平均电流 $I_{T(AV)}$

在环境温度为 40 ℃ 和规定的冷却状态下，稳定结温不超过额定结温时所允许连续流过的最大单相工频正弦半波电流的平均值，定义为通态平均电流。将此电流按照晶闸管标准电流系列取相应的电流等级，作为该晶闸管的额定电流。和电力二极管一样，这个参数是按照正向电流造成的器件本身的通态损耗的发热效应来定义的，因此在使用时应按实际电流有效值与通态平均电流有效值相等的原则来选取晶闸管的电流定额，并预留一定的裕量，一般为实际电流最大值的 1.5～2 倍。

2）维持电流 I_H

晶闸管被触发导通后，若流过晶闸管的阳极电流下降，能保持晶闸管继续导通的最小阳极电流称为维持电流 I_H，一般为几十到几百毫安。它的大小与结温有关，结温越高，则维持电流 I_H 越小。维持电流越大的晶闸管更容易关断。

3）擎住电流 I_L

晶闸管刚从断态转入通态即移除触发信号，在这种情况下能维持晶闸管导通所需的最小阳极电流，称为擎住电流 I_L。对同一晶闸管来说，通常擎住电流比维持电流大。

4）浪涌电流 I_{TSM}

浪涌电流是指结温为额定值时，晶闸管在工频正弦波半周期内器件所能承受的最大过载峰值电流，并且紧接浪涌后的半周期应能承受规定的反向电压。在晶闸管的寿命期内，浪涌的次数应该有一定的限制，这个参数可用来作为设计保护电路的依据。

3. 晶闸管的动态参数

1）断态电压临界上升率 du/dt

断态电压临界上升率是指在额定结温和门极开路的情况下，使晶闸管保持断态所能承受的最大电压最大上升率，常用的单位为伏特每微秒（ $V/\mu s$ ）。du/dt 过大，图 1-4 中等效于电容的 PN 结 J_2 中会有充电电流流过。此电流类似于触发电流的作用，一旦电流值足够大，即使所施加的阳极电压低于转折电压 U_{bo} ，也会使晶闸管在不加触发信号的情况下误导通。

2）通态电流临界上升率 di/dt

通态电流临界上升率是指在规定条件下，由门极触发晶闸管使其导通时，晶闸管能承受而无有害影响的最大通态电流上升率。如果通过晶闸管的电流上升过快，则晶闸管刚一开通时的大电流集中在门极附近的小区域内通过，会造成晶闸管局部过热而损坏。因此，晶闸管触发导通时，实际出现的电流上升率应小于器件允许的临界上升率。

1.3.4 晶闸管的派生器件

1. 快速晶闸管

快速晶闸管是在普通晶闸管的基础上进行了改进，它包括常规的快速晶闸管和工作频率较高的高频晶闸管。它们的开关时间以及 du/dt 和 di/dt 承受能力都有明显改善。从关断时间看，普通晶闸管一般为数百微秒，快速晶闸管为数十微秒，高频晶闸管则为 $10\ \mu s$ 左右。但与普通晶闸管相比，高频晶闸管的不足在于其电压和电流定额不高，同时由于其工作频率较高，开关损耗造成的发热不能忽略。

2. 双向晶闸管

双向晶闸管可认为是一对反并联连接的普通晶闸管的集成。它有两个主电极 T_1 和 T_2、一个门极 G。门极使双向晶闸管在主电极的正反两方向均可触发导通，所以双向晶闸管在第 Ⅰ 象限和第Ⅲ象限有对称的伏安特性。与一对反并联晶闸管相比，双向晶闸管控制电路简单，在交流调压电路、固态继电器和交流电机调速等领域应用较多。由于双向晶闸管通常用在交流电路中，因此不用平均值而用有效值来表示其额定电流值。

3. 逆导晶闸管

逆导晶闸管是将晶闸管反并联一个二极管，制作在同一管芯上的功率集成器件。因此，它不具有承受反向电压的能力，一旦承受反向电压即开通。与普通晶闸管相比，它具有正向压降小、关断时间短、耐高温特性好、额定结温高等优点，适用于不需要阻断反向电压的电路。逆导晶闸管的额定电流有两个：一个是晶闸管电流，为一个则是与之反并联的二极管电流。

4. 光控晶闸管

光控晶闸管又称光触发晶闸管，它是利用一定波长的光照信号触发导通的晶闸管。光照信号施加于门极的中心光敏区，产生的载流子通过多重放大门极使光控晶闸管导通。小功率光控晶闸管只有阳极和阴极两个端子，大功率光控晶闸管则还带有光缆，光缆上装有作为触发光源的发光二极管或半导体激光器。由于光触发保证了主电路与控制电路之间的绝缘，可避免电磁干扰的影响，且比普通晶闸管具有更高的 $\mathrm{d}u/\mathrm{d}t$ 和 $\mathrm{d}i/\mathrm{d}t$ 承受能力，因此在高电压大功率的场合占据了重要的地位。

1.4 全控型器件

1.4.1 电力场效应晶体管（Power MOSFET）

电力场效应晶体管又称电力 MOSFET，是一种全控型电力电子器件。它显著的特点是用栅极电压来控制漏极电流，因此所需驱动功率小，驱动电路简单；又由于是靠多数载流子导电，没有少数载流子导电所需的存储时间，开关速度快，工作频率高。但此类器件的电流容量小、耐压低，一般只适用于功率不超过 10 kW 的电力电子装置。

1. 电力 MOSFET 的基本结构和工作原理

电力 MOSFET 与电子电路中应用的 MOSFET 类似,按导电沟道可分为 P 沟道和 N 沟道。电力 MOSFET 在导通时只有一种极性的载流子（多子）参与导电，属于单极型晶体管。与小功率 MOSFET 不同的是，电力 MOSFET 的结构大都采用垂直导电结构，以提高器件的耐压和耐电流能力。图 1-7（a）为 N 沟道增强型电力 MOSFET 的结构图，图 1-7（b）为电力 MOSFET 的图形符号，其中 G 为栅极，S 为源极，D 为漏极。

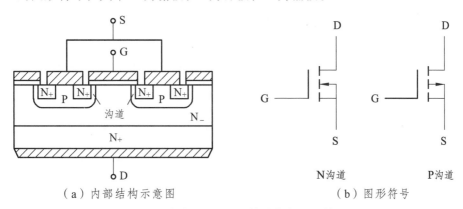

（a）内部结构示意图　　　　　　　　（b）图形符号

图 1-7　电力 MOSFET 的结构与图形符号

图 1-7（a）所示的 N 沟道增强型电力 MOSFET，当漏极 D 接电源正极，源极 S 接电源负极，栅极 S 和源极 G 间的电压 u_{GS} 为零时，由于 P 基区与 N 漂移区之间形成的 PN 结为反向偏置，故漏极 D 和源极 S 之间不导电。如果施加正电压 u_{GS} 于栅源之间，由于栅极 G 是绝缘的，没有栅极电流流过。但栅极的正电压会将 P 区中的少子——电子吸引到栅极下面的 P 区表面。当 u_{GS} 大于开启电压 U_{T} 时，栅极下 P 区表面的电子浓度将超过空穴浓度，从而使 P 型半导体反型成 N 型半导体，形成反型层，该反型层形成 N 沟道使 PN 结消失，漏极 D 和源极 S 之间形成导电通路。栅源电压 u_{GS} 越高，反型层越厚，导电沟道越宽，则漏极电流 i_{D} 越大。

2. 电力 MOSFET 的基本特性

漏极电流 i_D 不仅受到栅源电压 u_{GS} 的控制，而且与漏极电压 u_{DS} 也密切相关。以栅源电压 u_{GS} 为参变量，反映漏极电流 i_D 与漏源电压 u_{DS} 间关系的曲线族称为电力 MOSFET 的漏极伏安特性，即输出特性。漏极电流 i_D 和栅源电压 u_{GS} 的关系反映了输入电压与输出电流的关系，称为电力 MOSFET 的转移特性。这两个特性，可称为电力 MOSFET 的静态特性，如图 1-8 所示。

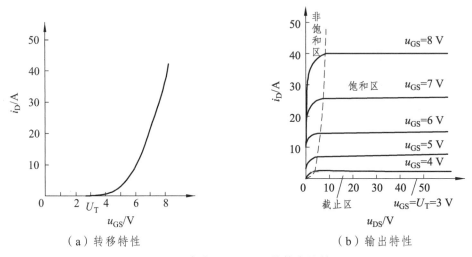

（a）转移特性　　　　　　　　　　　　　（b）输出特性

图 1-8　电力 MOSFET 的静态特性

从图 1-8（a）可知，当漏极电流 i_D 较大时，漏极电流 i_D 和栅源电压 u_{GS} 的关系近似为线性，这段线段的斜率称为电力 MOSFET 的跨导 G_{fs}，即 $G_{fs} = di_D / du_{GS}$。

图 1-8（b）有截止区、饱和区和非饱和区三个区域。这里的饱和是指漏源电压 u_{DS} 增加时漏极电流不再增加，非饱和是指漏源电压 u_{DS} 增加时漏极电流相应增加。电力 MOSFET 工作在开、关两种状态，即指它在截止区和非饱和区之间反复切换。

电力 MOSFET 的开关过程见图 1-9，它体现了电力 MOSFET 的动态特性。图 1-9（a）所示的电路可用于测试其开关特性。

开通时，由于电力 MOSFET 存在输入电容，栅极电压 u_{GS} 波形呈指数规律上升。当 u_{GS} 上升到开启电压 U_T 时，电力 MOSFET 开始导通，漏极电流 i_D 出现，且随着 u_{GS} 的上升而增加。当 u_{GS} 达到使电力 MOSFET 进入非饱和区的栅源电压 U_{GSP} 后，电力 MOSFET 进入非饱和区，虽然此时 u_{GS} 继续升高，但 i_D 已不再变化。从 u_{GS} 开始上升至电力 MOSFET 开始导通，这段时间称为开通延迟时间 $t_{d(on)}$；u_{GS} 从 U_T 上升到 U_{GSP} 的时间段称为上升时间 t_r。电力 MOSFET 的开通时间 t_{on} 定义为开通延迟时间 $t_{d(on)}$ 与上升时间 t_r 之和。

关断时，同样由于输入电容的影响，u_{GS} 波形呈指数规律下降。当 u_{GS} 呈低于 U_{GSP} 时，漏极电流 i_D 开始下降，直至 u_{GS} 低于开启电压 U_T，i_D 下降到零。从 u_{GS} 开始下降至电力 MOSFET 开始关断的时间称为关断延迟时间 $t_{d(off)}$。u_{GS} 从 U_{GSP} 下降到 u_{GS} 小于 U_T 时沟道消失，i_D 从通态电流下降到零，这段时间称为下降时间 t_f。电力 MOSFET 的关断时间 t_{off} 定义为关断延迟时间 $t_{d(off)}$ 与下降时间 t_f 之和。

电力 MOSFET 只靠多子导电，不存在少子储存效应，因而关断过程非常迅速，开关时间在 10 ~ 100 ns 之间，其工作频率可达 100 kHz 以上。

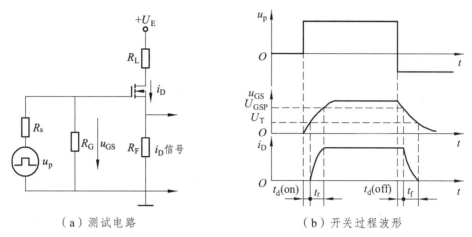

（a）测试电路　　　　　　　　　（b）开关过程波形

图 1-9　电力 MOSFET 的动态特性

3. 电力 MOSFET 的主要参数

1）漏源击穿电压 U_{DSB}

U_{DSB} 是指结温在 25 ~ 150 ℃ 之间漏源极的击穿电压。该参数决定了电力 MOSFET 的最高工作电压，常用的电力 MOSFET 的 U_{DSB} 通常在 1 000 V 以下。需要注意的是常用的电力 MOSFET 的漏源击穿电压具有正温度系数，因此在温度低于测试条件时，U_{DSB} 会低于产品手册数据。

2）漏极连续电流额定值 I_D 和漏极脉冲电流峰值 I_{DM}

I_D 和 I_{DM} 是标称电力 MOSFET 电流定额的参数，一般情况下，I_{DM} 是 I_D 的 2 ~ 4 倍。工作温度对器件的漏极电流影响很大，在实际器件参数计算时，必须考虑其损耗及散热情况得出壳温，由此核算器件的电流定额。如在壳温为 80 ~ 90 ℃ 时，器件可用的连续工作电流只有壳温为 25 ℃ 时 I_D 的 60% ~ 70%。

3）栅源电压 u_{GS}

由于栅源之间的绝缘层很薄，当 $|u_{GS}| > 20\ \text{V}$ 将导致绝缘层击穿，因此在焊接、驱动等方面必须注意。

4）极间电容

电力 MOSFET 的 3 个电极之间分别存在极间电容 C_{GS}、C_{GD} 和 C_{DS}，极间电容是影响开关工作速度的主要因素。其中栅源电容 C_{GS} 和栅漏电容 C_{GD} 是由电力 MOSFET 结构的绝缘层形成的，其电容量的大小取决于栅极的几何形状和绝缘层的厚度。漏源电容 C_{DS} 由电力 MOSFET 内部的 PN 结形成，其电容量的大小取决于沟道面积和 PN 结的反偏程度。

1.4.2　绝缘栅双极型晶体管（IGBT）

绝缘栅双极型晶体管（Insulated Gate Bipolar Transistor）简称为 IGBT。它是一种电压控制型器件，具有耐高电压和大电流、工作频率高、易于驱动、低功耗等优点，成为当前在工业领域应用最广泛的电力电子器件。

1. IGBT 的结构与工作原理

IGBT 是一种三端器件，有栅极 G、集电极 C 和发射极 E。图 1-10 为 N 沟道 IGBT 的基本结构和图形符号。对比图 1-7（a）可知，N 沟道 IGBT 的结构是在 N 沟道电力 MOSFET 的漏极一侧附加 P 层而构成的，形成一个大面积的 PN 结 J_3。相应的还有 P 沟道 IGBT，将图 1-7（b）的箭头反向即为 P 沟道 IGBT 的图形符号。实际中 N 沟道 IGBT 应用较多，以下均以其为例进行介绍。

当在 IGBT 的栅极施加正电压时，P^+ 区向 N^+ 区发射少子，从而对 N^- 漂移区电导率进行调制，N^- 漂移区的电阻急剧降低，使高耐压的 IGBT 也具有低的通态压降。当 IGBT 的栅极电压降到临界电压以下时，沟道消失，IGBT 关断，但 IGBT 在正向导通时 N^- 漂移区储存的大量载流子没有排放回路，只能在 N^- 漂移区内通过再结合慢慢消失，这就导致 IGBT 的关断时间要大于电力 MOSFET 的关断时间。

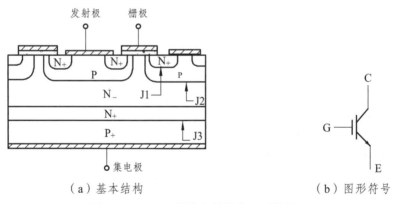

（a）基本结构　　　　　　　　　　　（b）图形符号

图 1-10　IGBT 的基本结构和图形符号

2. IGBT 的基本特性

IGBT 的静态特性包括转移特性和输出特性。与 MOSFET 类似，IGBT 集电极电流 i_C 与栅射电压 u_{GE} 间的关系称为转移特性，集电极电流 i_C 与栅射电压 u_{GE}、集射电压 u_{CE} 之间的关系为输出特性，如图 1-11 所示。从图 1-11（a）可以看出，当栅射电压 u_{GE} 高于开启电压 $U_{GE(th)}$ 时，IGBT 开始导通，$U_{GE(th)}$ 的值一般为 2~6 V。图 1-11（b）的输出特性，即为 IGBT 的伏安特性。IGBT 的输出特性分为三个区域：正向阻断区、有源区、饱和区。当 $u_{GE}<0$ 时，IGBT 工作在反向阻断区。在电力电子电路中，IGBT 工作在开关状态，即在正向阻断区和饱和区之间反复切换。

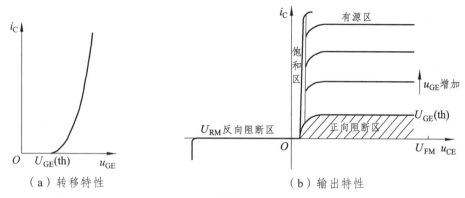

（a）转移特性　　　　　　　　　　（b）输出特性

图 1-11　IGBT 的转移特性和输出特性

IGBT 的开关过程见图 1-12，它体现了 IGBT 的动态特性。

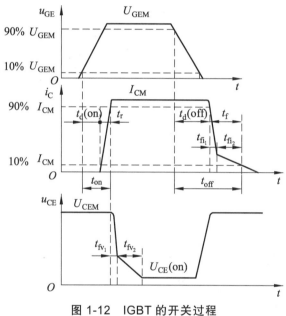

图 1-12　IGBT 的开关过程

IGBT 的开通过程与电力 MOSFET 十分相似，这是因为 IGBT 在开通过程中大部分时间是作为电力 MOSFET 器件工作的。从驱动电压 u_{GE} 上升至其幅值的 10%至集电极电流 i_C 上升到稳态值的 10%，这段时间称为开通延迟时间 $t_{d(on)}$；i_C 从 10%稳态值上升至 90%稳态值，这段时间称为上升时间 t_r。IGBT 的开通时间 t_{on} 定义为开通延迟时间 $t_{d(on)}$ 与上升时间 t_r 之和。在 IGBT 开通过程中，集射极间的电压 u_{CE} 的下降过程可分为 t_{fv_1} 和 t_{fv_2} 两个阶段。前者为 IGBT 中等效的 MOSFET 单独工作时的电压下降过程；后者为 IGBT 中等效的 MOSFET 和 PNP 晶体管同时工作时的电压下降过程。只有当 t_{fv_2} 阶段结束时，IGBT 才完全进入饱和区域。

在关断过程中，从驱动电压 u_{GE} 下降至其幅值的 90%到集电极电流 i_C 下降为稳态值的 90%，这段时间称为关断延迟时间 $t_{d(off)}$；集电极电流 i_C 从稳态值的 90%下降至 10%，这段时间称为下降时间 t_f。IGBT 的关断时间 t_{off} 定义为关断延迟时间 $t_{d(off)}$ 与下降时间 t_f 之和。同样，

集电极电流 i_C 的下降过程也分为 t_{fi_1} 和 t_{fi_2} 两个阶段。前者对应于 IGBT 中等效的 MOSFET 的关断过程，后者对应于 IGBT 中等效的 PNP 晶体管的关断过程。

3. IGBT 的主要参数和性能

1）最大集射极间电压 U_{CES}

该参数决定了器件的最高工作电压，由内部等效的 PNP 晶体管所能承受的击穿电压确定。

2）集电极额定电流 I_{CN}

I_{CN} 是指在额定的测试温度（壳温为 25 ℃）条件下，所允许的集电极最大直流电流。一般选取实际使用的平均电流值 $I_C = (1/3 \sim 1/2)I_{CN}$。

3）集射饱和压降 $U_{CE(sat)}$

$U_{CE(sat)}$ 是指栅射间施加一定电压，在一定的结温及集电极电流条件下，集射间饱和通态压降。此压降在集电极电流较小时为负温度系数，较大时为正温度系数。它表征了 IGBT 的通态损耗，应该选取 $U_{CE(sat)}$ 较小的 IGBT。

4）栅射电压 u_{GE}

与 MOSFET 相似，当 $|u_{GE}| > 20\,\text{V}$ 将导致绝缘层击穿，因此在焊接、驱动等方面必须注意。

5）结　温

这里的结温是指 IGBT 工作时不导致其损坏所允许的最高结温。

6）IGBT 的擎住效应

IGBT 的擎住效应是指由于某种原因，IGBT 的栅极失去了对集电极电流的控制作用，导致集电极电流急剧增大，从而造成器件功耗过高而损坏。引发擎住效应的原因，可能是集电极电流过大（静态擎住效应），也可能是 du_{CE}/dt 过大（动态擎住效应），温度升高也会增加发生擎住效应的风险。在实际使用中，要避免以上情况的发生。

1.5　其他新型器件

1. MOS 控制晶闸管 MCT

MCT 控制晶闸管（MOS Controlled Thyristor，MCT）是将 MOSFET 与晶闸管组合而成的复合型器件。MCT 将 MOSFET 的高输入阻抗、低驱动功率、快速的开关过程和晶闸管的高电压大电流、低导通压降等优点结合起来。另外，MCT 还可承受极高的 du/dt 和 di/dt，使其保护电路简化；MCT 可在结温为 200 ℃ 的条件下工作，而一般的额定结温为 150 ℃。MCT 曾一度被认为是一种最有发展前途的电力电子器件，但经过多年的努力，其关键技术没有大的突破，电压和电流容量都远未达到预期的数值，未能投入实际应用。

2. 静电感应晶体管 SIT

静电感应晶体（Static Induction Transistor，SIT）是一种结型场效应管。它依靠场效应控制器件中导电沟道的形成或消失来实现器件的开关操作。SIT 是多子导电的器件，工作频率与电力 MOSFET 相当，甚至更高，功率容量也更大，因而适用于高频大功率场合。但其不足之处是栅极不加信号时导通，加负偏压时关断，称为正常导通型器件，使用不太方便；通态电阻较大，通态损耗也大。

3. 静电感应晶闸管 SITH

静电感应晶闸管（Static Induction Thyristor，SITH）是一种大功率场控开关器件，它是在 SIT 的漏极层上附加一层与漏极层导电类型不同的发射极层而得到。SITH 是两种载流子导电的双极型器件，具有电导调制效应，通态压降低、开关速度高、开关损耗小、通流能力强、承受 du/dt 和 di/dt 高的特点。SITH 一般也是正常导通型，但也有正常关断型。其制造工艺较复杂，电流关断增益较小，因而其应用范围还有待拓展。

4. 集成门极换流晶闸管 IGCT

集成门极换流晶闸管（Integrated Gate-Commutated Thyristor，IGCT）于 20 世纪 90 年代后期出现。它是将 GTO（门极可关断晶闸管）芯片与反并联二极管和门极驱动电路集成在一起，再与其门极驱动器在外围以低电感方式连接。IGCT 具有电流大、电压高、开关频率高、可靠性高、结构紧凑、损耗低的优点，目前正在与 IGBT 等新型器件激烈竞争，试图最终取代 GTO（门极可关断晶闸管）在大功率场合的应用。

5. 功率模块与功率集成电路

目前，电力电子器件的主要发展趋势是模块化。按照典型电力电子电路所需要的拓扑结构，将多个相同的电力电子器件或多个相互配合使用的不同电力电子器件封装在一个模块中。其优点是：缩小装置的体积，降低成本，提高可靠性，更重要的是对工作频率较高的电路，可以达到减小线路电感，从而简化对吸收或缓冲电路的要求。这种模块称为功率模块（Power Module），如 IGBT 模块（IGBT Module）。

电力电子器件的另一个发展趋势是将电力电子器件与它的逻辑、控制、保护、检测、传感、自诊断等信息电子电路制作在同一芯片上，称之为功率集成电路（Power Integrated Circuit，PIC）。在功率集成电路方面，已有许多实例，如智能功率模块（Intelligent Power Module，IPM），将保护和驱动电路与 IGBT 器件集成在一起，由于采用了能连续监测功率器件电流的有电流传感功能的 IGBT 芯片，从而实现了高效的过流保护和短路保护。IPM 还集成了过热和欠压锁定保护电路，使系统的可靠性得到了进一步提高。

1.6 电力电子器件的驱动

1. 电力电子器件驱动电路概述

电力电子器件的驱动电路是电力电子电路和控制电路之间的接口，其功能是将控制电路输出的微弱信号处理成足够大的电压或者电流，提供给电力电子开关器件的控制极，使器件立即开通或者关断。采用性能良好的驱动电路，可使电力电子器件工作在较理想的开关状态，缩短开关时间，减小开关损耗，对变流器的运行效率、可靠性和安全性都有重要的意义。驱动电路通常还是控制电路与主电路之间的电气隔离环节，一般采用磁隔离（采用隔离变压器）和光隔离（采用光电耦合器）。

按半控型器件的特性，只需给其提供开通控制信号；全控型器件则既要提供开通控制信号又要提供关断控制信号。按照驱动电路加在电力电子器件控制端和公共端之间信号的不同，可以将电力电子器件分为电流驱动型和电压驱动型两类。晶闸管属于电流驱动型器件，电力 MOSFET 和 IGBT 属于电压驱动型器件。

2. 晶闸管的触发电路

晶闸管是电流驱动型器件，对其门极触发信号的要求是：

（1）触发脉冲的宽度应保证晶闸管可靠导通，对感性和反电动势负载的变流器应采用宽脉冲或脉冲列触发，如三相全控桥式电路的触发脉冲应宽于 60°或采用相隔 60°的双窄脉冲。

（2）触发脉冲应有足够的幅度，对工作温度较低的场合（0 ℃ 以下），脉冲电流的幅度应增大为器件最大触发电流的 3~5 倍，脉冲前沿的陡度也需增加，一般需达 1~2 A/μs。

（3）所提供的触发脉冲应不超过晶闸管门极的电压、电流和功率定额，且在门极伏安特性的可靠触发区域内。

（4）应有良好的抗干扰性能和温度的稳定性，与主电路有电气隔离。

比较理想的晶闸管触发脉冲波形如图 1-13 所示，$t_1 \sim t_2$ 为脉冲前沿上升时间（<1 μs）；$t_2 \sim t_3$ 为强脉冲宽度（约 10 μs）；$t_1 \sim t_4$ 为脉冲宽度；I_m 为强脉冲幅值（$3I_{GT} \sim 5I_{GT}$）；I 为脉冲平顶幅值（$1.5I_{GT} \sim 2I_{GT}$）。

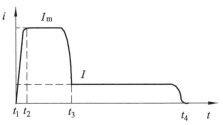

图 1-13　理想的晶闸管触发脉冲波形

3. 电力 MOSTET 和 IGBT 的栅极驱动

电力 MOSTET 和 IGBT 是电压驱动型器件。电力 MOSTET 的栅源极之间和 IGBT 的栅射极之间都有数千皮法的极间电容，为快速建立驱动电压，要求驱动电路具有较小的输出电阻。MOSTET 开通的驱动电压一般取 10~15 V，IGBT 开通的驱动电压一般取 15~20 V。同样，关断时施加一定幅值的负驱动电压（一般取 −5~−15 V），有利于减小关断时间和关断损耗。在栅极串入一只低值电阻（数欧至数十欧）可以减小寄生振荡，该电阻阻值应随被驱动器件电流额定值的增大而减小。

图 1-14 为电力 MOSTET 驱动电路，包括电气隔离和晶体管放大电路两部分。当无输入信号时高速放大器 A 输出负电平，T_3 导通输出负驱动电压。当有输入信号时，A 输出正电平，

T$_2$导通输出正驱动电压。栅极和源极之间的两只稳压二极管（稳压值为 18～20 V）反向串联，起双向限幅保护的作用。

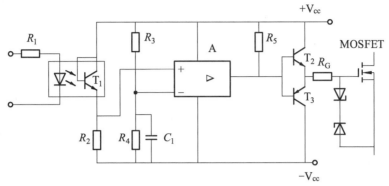

图 1-14　电力 MOSTET 的一种驱动电路

IGBT 的驱动多采用专用的混合集成驱动器，例如富士公司的 EXB 系列（如 EXB840、EXB841、EXB850 和 EXB851）和三菱公司的 M579 系列（如 M57962L 和 M57959L）。同一系列的不同型号其引脚和接线基本相同，只是适用的被驱动 IGBT 器件的容量、开关频率和输入电流幅值等参数有所不同。

图 1-15 给出了三菱公司 M57962L 型 IGBT 驱动器的原理和接线图。该驱动器内部都有退饱和检测和保护环节，当发生过电流时能够快速响应但慢速关断 IGBT，并向外部电路给出故障信号。由引脚 1 经高压快恢复二极管检测主开关管的集电极电位，若电流过大，集电极电位升高，引脚 1 电位也升高。内设的逻辑判断环节在输入光耦导通时，若检测到引脚 1 电位为高电平，则表明工作异常，迅速将输出关断，同时将故障指示的引脚 8 电位拉低，再将故障信号传递给外部的微处理器或其他控制逻辑电路，以便能在数毫秒之内切断引脚 13 的输入控制信号（即在过流时的快速响应和慢速关断）。若在数毫秒内未能切断输入信号，则驱动电路将恢复故障前的导通驱动，如果此时仍然过流，则再检测，再响应。引脚 1 所接的 30 V 稳压二极管起防止高电压串入、保护驱动片的作用。栅极和射极之间两只稳压二极管反向串联，起双向钳位保护作用。M579P62 型驱动器输出的正驱动电压为+15 V 左右，负驱动电压为－10 V。

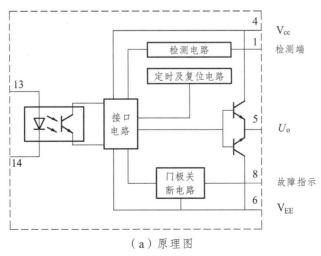

（a）原理图

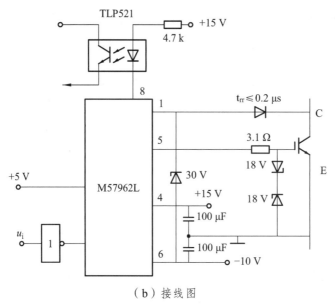

（b）接线图

图 1-15 M57962L 型 IGBT 驱动器原理和接线图

1.7 电力电子器件的保护

电力电子变换和控制系统在运行中，往往会有一些异常情况或者发生故障，对其中的电力电子器件而言，在这些工况下易遭受损坏。同时，由于系统的功率往往比较大，故障的发生也会给人身安全带来隐患。因此，在系统的设计中，除了选择恰当的电力电子器件参数和良好的驱动电路外，还应该配备合适的过电压保护、过电流保护、过热保护、du/dt 保护和 di/dt 保护措施。

1.7.1 过电压保护

造成过电压的原因，可以分成外因和内因两类。

外因如雷电、输入源电压过高或者存在浪涌尖峰电压、突卸负载以及某些非正常的系统操作等。

内因则来自于电力电子装置内部器件的开关过程，可以分为换相过电压和关断过电压两种。

1. 换相过电压

晶闸管或电力二极管在导电结束时，不能立即恢复反向阻断能力。如果有反向电压的作用，则会有较大的反向电流通过，使内部残存的载流子消失。当其恢复阻断能力时，反向电流急剧减小，线路中的杂散电感会因为电流的突变而感应出较大的反电动势，从而在晶闸管或电力二极管两端产生过电压。

2. 关断过电压

全控型器件在较高频率下工作，当器件关断时，其流通的正向电流迅速减小，电流变化率很大，即使线路中的寄生电感很小，也能感应出很高的尖峰电压。

对于过电压的情况，保护措施如下：

（1）采用输入电压检测保护电路。检测到输入过压时，停止变换器的工作。

（2）采用输出电压检测保护电路。检测到输出过压时，关断开关管使其输出电压降低，回到允许范围后再允许开通工作。

（3）采用 *RC* 过电压抑制电路或在交流线路间放置金属氧化物压敏电阻，适用于抑制外因过电压。

（4）采用关断缓冲或软开关技术，适用于抑制内因过电压。

1.7.2 过电流保护

过载和短路这两种情况，都会导致过电流。过电流保护包括限制电流峰值和限制电流均值。一旦电路中出现过流的情况，应该立即关断开关管。所以全控型开关器件的控制或驱动电路中一般都设置了过电流保护环节，它对器件的过电流响应最快。如 IGBT，它的饱和压降会随着电流的增加而增加，当主电路电流过大或发生负载短路故障时，饱和压降超过限定值，驱动电路立即控制关断 IGBT。

为了提高保护的可靠性和合理性，在一般的电力电子装置中，通常都会同时采用几种过电流的保护措施，除了以上的电子保护电路作为第一保护措施之外，还有快速熔断器、过电流继电器等措施，如图 1-16 所示。

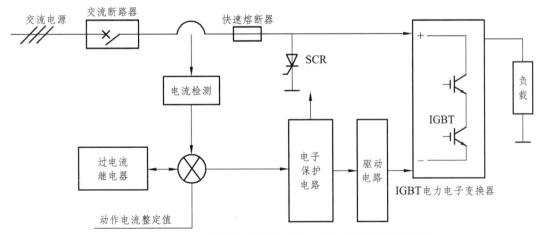

图 1-16 电力电子装置中常用的过流保护措施及保护装置

快速熔断器是电力电子装置中常用的一种过电流保护措施，在选取时应考虑：

（1）电压等级应根据熔断后快速熔断器实际承受的电压来确定。

（2）快速熔断器的发热量 I^2t 值应小于被保护器件的允许 I^2t 值。

（3）快速熔断器的电流容量应保证其在电路正常过载情况下不熔化。

1.7.3 缓冲电路

缓冲电路又称为吸收电路，它主要抑制开关器件在开通和关断的瞬间所承受的内因过电压 du/dt 或者过电流 di/dt。缓冲电路可分为开通缓冲电路和关断缓冲电路。开通缓冲电路又称为 di/dt 抑制电路，用于抑制器件开通时的电流过冲和 di/dt，减小器件的开通损耗。关断缓冲电路又称为 du/dt 抑制电路，用于吸收器件的关断电压和换相过电压，抑制 du/dt，减小器件的关断损耗。

一种常用的开通缓冲电路如图 1-17 所示，当 IGBT 开通时，集电极的电压下降，与之串联的电感 L_s 抑制电流的上升率 di/dt；当 IGBT 关断时，之前储存在电感 L_s 的能量 $L_sI_m^2/2$，通过二极管 D_s 续流，以热量的形式消耗在缓冲回路的电阻 R_s 中。图 1-18（a）、（b）分别表示无缓冲和有缓冲电感时 IGBT 的开通波形。

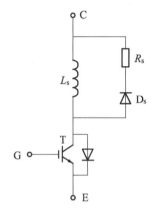

图 1-17　常用的开通缓冲电路

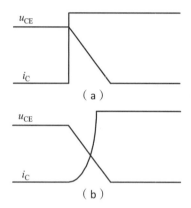

图 1-18　IGBT 开通时的电压和电流波形

图 1-19 为常用的 RCD 关断缓冲电路，它是由电阻 R_s、电容 C_s 和二极管 D_s 组成的电路网络，与 IGBT 相并联。当 IGBT 关断时，由于二极管 D_s 的单向导电性，电容 C_s 通过二极管 D_s 充电，且电容两端不能突变，抑制了 IGBT 集电极和发射极两端的电压上升率 du/dt。当 IGBT 开通时，电容 C_s 通过电阻 R_s 放电。电容 C_s 的缓冲作用，使得 IGBT 在关断时其集电极被电容电压牵制，不会出现集电极电压和电流同时达到最大值的情况。图 1-20（a）、（b）分别表示无缓冲和有缓冲电容时 IGBT 的关断波形。

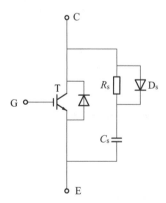

图 1-19　RCD 关断缓冲电路

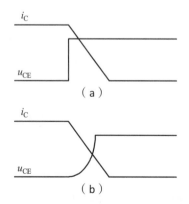

图 1-20　IGBT 关断时的电压和电流波形

在实际中可将开通缓冲电路和关断缓冲电路组合起来使用，称为复合缓冲电路。

1.7.4 过热保护

电力电子器件的特性和安全工作区与温度也有密切的关系。器件的结温升高，其安全工作区将缩小；当结温超过最高允许值时，器件将永久性损坏。环境温度高以及器件本身工作时的开关损耗和导通损耗大，都是导致器件过热的原因。解决措施如下：

（1）加强散热措施。限制温升是过热保护的基础。将温升控制在安全范围内，一方面应使电力电子装置工作在合适的环境温度下，另一方面应配备合理的散热或冷却设备，如风机、散热器等。

（2）降额使用。电力电子器件若不考虑裕度，长时间在额定参数下工作，局部可能会出现高于允许结温的情况，从而导致器件损坏。因此，在器件最初的选型设计中，应该留出一定的裕度，降额使用。降额的幅度视环境温度和设备可靠性的要求不同而定。

（3）增加过热保护装置。如果电力电子装置在工作过程中出现异常情况，如环境温度过高，散热设备失效等，都会导致器件温度急剧上升，此时应该停止设备工作，常用方式为热继电器保护。热继电器通常安装在散热器上，直接感受温度的变化，接点接在主电路或控制电路中。当检测到的温度超过设定阈值时，直接切断主电路或者通过控制电路停止工作。也可采用包含热敏电阻的过热检测电路来进行温度检测，温度变化导致热敏电阻的阻值变化，输出相应的信号控制开关管的开通或关断。

1.8 电力电子器件的串并联

当单个器件的电压或电流定额不能满足要求时，需将器件串联或并联，或者将装置串联或并联来工作。

1. 晶闸管的串联

当晶闸管额定电压小于要求时，可以用两个以上同型号的器件相串联。理想的串联希望每个器件分压相等，但因特性差异，实际上往往存在着器件电压分配不均匀的问题。

串联的器件流过的漏电流相同，但因静态伏安特性的分散性，各器件分压不等，承受电压高的器件首先达到转折电压而导通，使另一个器件承担全部电压也导通，失去控制作用。同样在反向时，也可能使其中一个器件先反向击穿，另一个随之击穿。这种由于器件静态特性不同而造成的均压问题称为静态不均压问题。

为达到静态均压，应尽量选用参数和特性一致的器件，也可采用电阻均压，如图 1-21 所示，R_p 为均压电阻，并联在晶闸管阴极和阳极两端，其阻值应比器件阻断时的正、反向电阻小得多，这样才能使每个晶闸管分担的电压取决于均压电阻的分压。

由于晶闸管器件动态参数和特性的差异造成的不均压，称为动态不均压问题。采取的动态均压措施包括选择动态参数和特性尽量一致的器件；用 RC 并联支路作动态均压，如图 1-21 所示。此外，采用门极强脉冲触发也可以显著减小器件开通时间上的差异。

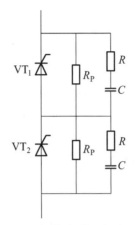

图 1-21　晶闸管串联运行均压措施

2. 晶闸管的并联

计晶闸管并联的目的是使用多个器件来共同承担较大的电流，晶闸管并联时出现的问题为：因器件静态和动态特性参数的差异而导致电流分配不均匀。均流不佳，会导致有的晶闸管过载，有的晶闸管电流不足，影响整个电力电子装置的输出。

解决均流问题首要的措施是挑选特性参数尽量一致的器件，此外还可以采用均流电抗器。同样，在门极采用强脉冲触发信号也有助于动态均流。

当需要同时串联和并联晶闸管时，通常采用先串后并的方法连接。

3. 电力 MOSFET 和 IGBT 并联运行的特点

由于电力 MOSFET 的通态电阻 R_{on} 具有正温度系数，在并联使用时具有电流自动均衡的能力，因此容易并联使用。但是注意尽量选用通态电阻 R_{on}、开启电压 U_T、跨导 G_{fs} 等参数相近的器件并联，同时电路走线和布局应尽量对称，也可在源极电路中串入小电感，起到均流电抗器的作用。

对于 IGBT 的并联运行，由于在 1/2 ~ 1/3 额定电流以下的区段，通态压降具有负的温度系数；在 1/2 ~ 1/3 额定电流以上的区段，通态压降具有正的温度系数。因而 IGBT 在并联使用时也具有一定的电流自动均衡能力，和电力 MOSFET 类似，易于并联使用。同样，在并联时，要注意器件参数的选取和布局走线的设计。

1.9　项目一　全控型器件驱动电路

1.9.1　驱动电路的一般原理

1. 驱动电压

IGBT 在驱动正电压为 + 15 V 左右时，其饱和压降较低，工作特性达到最佳。因此，为使 IGBT 在变流装置中尽可能降低导通损耗，提高变流装置的效率，应尽量减小 IGBT 的饱和导通压降。

要使 IGBT 可靠关断，防止 IGBT 关断的拖尾电流，防止米勒效应在 IGBT 开关动作时使其误导通，采用负压使 IGBT 关断的方案，可设置负压为 – 10 V 左右。

2. 隔离电源

一般为保证低压控制高压、小功率控制大功率、弱电控制强电的目的。由 IGBT 的驱动及关断电压可以看出，IGBT 驱动必须匹配合适的隔离电源，即 + 15 V 和 – 10 V。

对于中大规格的 IGBT，隔离电源需要一定的功率，来保证一定的驱动能力。一般采用 PWM 发生器开环的工作方式，将低压侧的电源变换为高压侧的电源。而正负电源的产生采用变压器，按照一定的变比变换而获得。正向的电源可通过齐纳二极管将其稳压处理在 + 15 V 左右，而负压即为总电压减去正向电压。如果通过变换高压侧总电压为 25 V，减去正向的 15 V，负向电压即为 10 V。

图 1-22 中，UC2844 控制器为 PWM 发生器，如图中的电路是开环输出 PWM 的一般处理。其中 R_1、C_{10} 组成振动器，为 PWM 设置频率。PWM 频率为：

$$f = \frac{1}{1.72 \times R_1 \times C_{10}} \approx 125 \quad （\text{kHz}） \tag{1-1}$$

为使 UC2844 开环输出 PWM，采用 10 kΩ 的下拉电阻 R_2、R_3、R_4。C_2 为 V_{ref} 脚的滤波电容，R_{11}、C_{29} 及二极管 D_3 组成 UC2844 的软启动电路，避免在上电瞬间，由于快速将 PWM 波展开而导致原边三极管电流过大。C_8 为 PWM 波的杂波滤除处理，R_6 为 PWM 上升、下降沿微调，即可通过调整 R_6 调整上升、下降的速率。

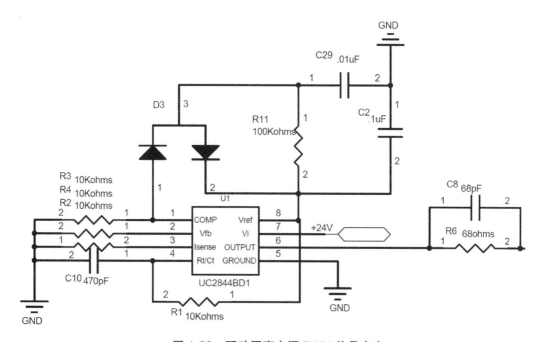

图 1-22 驱动隔离电源 PWM 信号产生

图 1-23 中，Q_1、Q_4 为推挽连接的三极管，其为隔离电源工作的开关管，即，当 PWM 为高电平时，Q_1 导通，变压器电压为上正下负，将能量传递到高压侧；当 PWM 为低电平时，Q_4 导通，变压器电压为上负下正，高压侧电压也会翻转。在 PWM 高低电平转换的过程中，在高压侧通过如图所示的连接方式，可将正负交替的电压通过二极管整流为直流电压，通过设置变压器匝比为 11∶13。

$$匝比 = \frac{24V \times 45\% \times 2}{25V} \approx 11∶13$$

其中，24 V 为低压侧电压，即驱动的供电电压；45% 为 PWM 开环占空比；25 V 为输出总电压，由于副边为倍压整流电路，因此变压器变比要乘以 2。

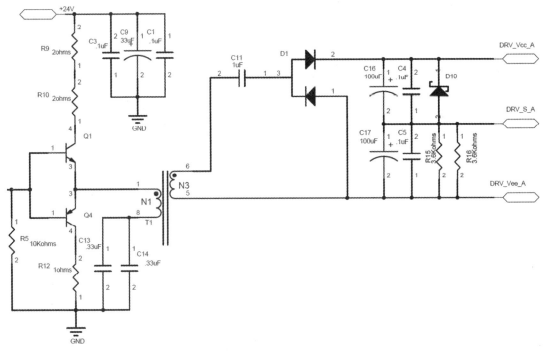

图 1-23　驱动隔离电源

R_9、R_{10}、R_{12} 分别为当 Q_1、Q_4 导通时冲击电流过大而引入的限流措施。R_5 为防止 Q_4 误导通而放置的放电电阻。C_{13}、C_{14} 为谐振电容，当 Q_1 关断，Q_4 导通时，可以为高压侧提供能量，也可为变压器起到退磁的作用。

高压侧的 C_{11}、D_1 为倍压整流的标准接法，该方式可使输出端电压增大一倍。输出端连接方法为正负电压的形式，即正电压通过齐纳二极管 D_{10} 进行稳压处理，R_{15}、R_{16} 为输出端的负载，为防止电压过高而放置。C_4、C_5 和 C_{16}、C_{17} 为输出滤波电容，用于稳压及滤波。

3. IGBT 驱动信号

IGBT 驱动信号一般由变流器控制器发出，特点是电压较低，信号较弱。为此，需要对其进行处理，转换为有一定功率，具备一定驱动能力的驱动波形来驱动 IGBT。如图 1-24 所示，驱动信号输入从左端进入。

其中 R_{19} 与 C_{20} 形成 RC 低通滤波器，滤除无效的杂散信号。Q_7 为 2 V 的齐纳二极管，其作用是当输入端信号超过 2 V 时才能将该二极管击穿，才能视为有效信号。D_4 的作用是防止输入信号的负向电压损坏光电耦合器 U_2，R_{21} 和 R_{17} 为调整光电耦合器的输入电流而设置。光电耦合器右侧连接隔离电源的正和负，即 +15 V 与 – 10 V，输出端通过推挽的两个三极管，用来提高驱动能力。同时，驱动在 IGBT 的门极与源极加入电容 C_{21} 用来调整其开关特性。

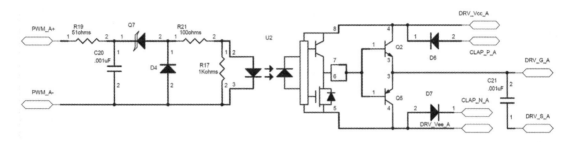

图 1-24　IGBT 驱动信号处理

1.9.2　驱动电路板设计

一般来讲，电路板从图纸设计到印制板生产制造，必须要经过以下过程。

1. IGBT 驱动电路原理图设计

在深入分析驱动电路基本功能、性能需求的基础上，详尽地计算 IGBT 基本功耗、驱动电路基本参数。按照分析、计算结果，进行电路原理图设计，所需元器件选型、设计，完成驱动原理图设计的关键一步，为下一步做好充分准备。原理图设计直接决定最终电路能否满足项目的功能、性能需求。

2. PCB 印制电路板设计

对上一步获得的原理图涉及的所有器件进行建库工作，建库重点关注器件在 PCB 板上的形状、基本尺寸、管脚电气属性等内容。对于一些定制器件，比如变压器、电感等非标准封装的定制件尤其要注意。建库完成后，即可将原理图及图中涉及的器件放入 PCB 中进行 PCB 电路板设计工作。PCB 设计时，首先，根据电路板工作原理，充分考虑电气安全规范等因素，顺序进行布局；其次，根据原理图中器件与器件相互连接的电气网络，进行布线。布线时要充分评估电路工作特性，决定走线方式、走线宽度等。经过布局、布线、优化等过程，得到 PCB 最终的生产文件。

3. PCB 电路板生产制造

由上一步获得的 PCB 生产文件，送交 PCB 印制板制造厂家进行打样制作。PCB 制造厂家拿到 PCB 生产文件后，启动自动化的生产设备，进行 PCB 中铜箔、绝缘层等必需品的准备工作。根据 PCB 走线、过孔位置、过孔大小等细节进行铜箔生产，最后将各层 PCB 与绝缘层按设计胶合在一起，并在表层进行必要的处理，PCB 制造完成。

4. 器件采购、定制

在完成 PCB 设计，将 PCB 制造文件交到制造厂家后，即可启动器件采购及定制件打样工作。按照原理图设计中选型、设计定型的器件，由原理图设计软件导出器件清单，标准件按照厂家、型号进行采购。定制件与器件生产厂家进行必要的沟通，充分描述清楚需求细节，安排打样生产。所需器件如表 1-1 所示。

表 1-1 IGBT 驱动板器件清单

序号	厂家型号	项目描述及相关参数	数量	位号
1	MMSZ4679T1G	Zener, 16 V/1.5 W/SMA	2	D_{10}, D_{11}
2	CC0805JRNPO9BN680	Capacitor, 50 V/68pF/5%/NPO/0805	1	C_8
3	CC0805KRX7R9BB102	Capacitor, 50 V, 1nF, 10%,, X7R, 0805	4	C_{19}, C_{20}, C_{21}, C_{22}
4	CC0805KRX7R9BB103	Capacitor, 50 V, 10nF, 10%, X7R, 0805	1	C_{29}
5	CC0805KRX7R9BB104	Capacitor, /50 V/0.1uF/10%/X7R/0805	7	C_1, C_2, C_3, C_4, C_5, C_6, C_7
6	CC0805KRX7R9BB334	Capacitor, /50 V/0.33uF/10%/X7R/08050	2	C_{13}, C_{14}
7	CC0805KRX7R9BB471	Capacitor, 50 V, 470pF, 10%, X7R, 0805	1	C_{10}
8	CC1210KKX7R9BB105	Capacitor, /50 V/1uF/10%/X7R/1210	2	C_{11}, C_{12}
9	DK15X1593	18：24：24	1	T_1
10	EMZA350ADA101MF80G	Aluminum Electrolytic Capacitor, /35 V/100uF/20%/105/2000h/6.3×7.7	4	C_{15}, C_{16}, C_{17}, C_{18}
11	EMZA350ADA330MF61G	Aluminum Electrolytic Capacitor, /35 V/33uF/20%/105C/2000h/6.3×5.8	1	C_9
12	HCPL-3120-WG	Gate Drive Optocoupler, HCPL3120, Single Channels, GW8	2	U_2, U_3
13	J2125-04M-2113	Pin/Shortcircuiter, pin, double row, 4pin, Right Angle	2	J_2, J_3
14	J2125-08M-2113	Pin, Common Square Pin, 8PIN, Double Rows, Benging	1	J_1
15	MMBD7000	Switching Diodes, /70 V/0.2 A/1.25 V/SOT23	3	D_1, D_2, D_3
16	MMSZ4679T1G	Zener, /2 V/5%/0.5 W/SOD-123	2	Q_7, Q_8
17	PBSS4350Z	Transistor, NPN, 50 V, 3 A, 1.35 W, SOT223	3	Q_1, Q_2, Q_3
18	PBSS5350Z	Transistor, PNP, 50 V, 3 A, 3 W, SOT223	3	Q_4, Q_5, Q_6
19	RC0805FR-071kL	Resistor, 1 kΩ/1%/0.125 W/0805	2	R_{17}, R_{18}
20	RC0805FR-073k6L	Resistor, 3.6 kΩ/1%/0.125 W/0805	4	R_{13}, R_{14}, R_{15}, R_{16}
21	RC0805FR-0710KL	Resistor, 10 kΩ/1%/0.125 W/0805	5	R_1, R_2, R_3, R_4, R_5

序号	厂家型号	项目描述及相关参数	数量	位号
22	RC0805FR-07100RL	Resistor, 100 Ω/1%/0.125 W/0805	2	R_{21}，R_{22}
23	RC1206FR-07100KL	Resistor, 100 kΩ/1%/0.25 W/1206	1	R_{11}
24	RC1210FR-0751RL	Resistor, 51 Ω/1%/0.33 W/1210	2	R_{19}，R_{20}
25	RC2010FK-071RL	Resistor, 1 Ω/1%/0.75 W/2010	1	R_{12}
26	RC2010FK-072RL	Resistor, 2 Ω/1%/0.75 W/2010	2	R_9，R_{10}
27	RC2010FK-0768RL	Resistor, 68 Ω/1%/0.75 W/2010	1	R_6
28	UC2844BD1	UC2844PWM controller	1	U_1
29	1N4148WS-V	Switching Diode, /100 V/0.15 A/1.0 V/Trr3nS/SOD323	2	D_4，D_5
30	1PS79SB30	40 V/0.2 A/0.36 V	4	D_6，D_7，D_8，D_9

1.9.3 项目焊接与调试

生产出的 PCB 及采购的元器件均到位后，即可启动焊接工作。焊接时，按照原理图逐个将所需器件及 PCB 中对应的位置进行焊接。

焊接好的 PCB 板即可进行调试。调试工作包含驱动电路所要实现的所有功能、性能的验证，即按照设计的要求，逐一验证 IGBT 驱动板所有的需求。调试一般按照以下步骤进行。

1. 驱动电路系统电源的调试

按照电路原理，给单板提供必要的电源，测试关键点电压情况，与设计图纸比对，判断电路工作是否正常。如果正常则进行下一步调试；如果异常，一般检查的方法是：按照电路的工作原理，从输入端到输出端逐一排查，即检查电路中关键部位的电压、信号是否与理论分析一致。如果不一致，一般检查的思路是从原理推敲，检查器件是否焊错、焊反等。按照排查的基本方法进行，直到电路工作正常。

2. 驱动信号调试

驱动电路电源调试排查完所有问题后，即可进行信号处理部分调试。按照原理图中给驱动板相应位置输入驱动信号，与电源部分共同工作，检查驱动板输出端是否有驱动信号输出。如果不能得到预计的信号，按照电路工作原理逐一排查，包括是否存在器件损坏、焊接问题等。

3. 驱动电路联调

以上两步完成后，即可进行驱动电路系统调试。按照原理图给驱动板供上必要规格的电源，同时将驱动输入信号加入驱动电路中，在驱动输出端与 IGBT 连接好，通过示波器等仪器检查输出是否正常。如果不正常，分别检查上两步输出情况，逐一排查异常并修改，直到输出正常为止。

1.9.4　项目总结

通过本项目实验，学生可大致掌握全控型器件驱动电路的一般应用方法。同时，还可通过学习设计思路、PCB 焊接、驱动电路调试等环节，掌握 MOSFET 或 IGBT 的开关特性。结合驱动电路调试结果、全控型器件开关特性及通态特性，对于以下问题应加深思考。

（1）IGBT 驱动 U_{ge} 极限值为 ±20 V，为此，使其处于 15 V 时，通态压降较低，开关特性最佳。防止超过 20 V 的电压尖峰，也可保证较低的通态压降，较低 IGBT 损耗。

（2）IGBT 驱动 U_{ge} 关断电平设计为 –10 V 左右，采取负压可快速关断 IGBT，防止电流拖尾，也可将 IGBT 可靠关断，防止其误导通。

习题及思考题

（1）可控型器件有哪些？不可控型器件有哪些？

（2）哪些器件是电流控制型？哪些器件是电压控制型？

（3）维持晶闸管导通的条件是什么？怎样使晶闸管由导通变为关断？

（4）试分析 IGBT 的导通关断过程。

（5）电力电子器件过电压保护和过电流保护各有哪些主要方法？

（6）晶闸管串联使用时应注意哪些问题？电力 MOSFET 和 IGBT 各自并联使用时应注意哪些问题？

第 2 章　整流电路

2.1　单相可控整流电路

2.1.1　单相半波可控整流电路

1. 电阻性负载

单相半波可控整流电路电阻性负载的电路及工作波形如图 2-1 所示。

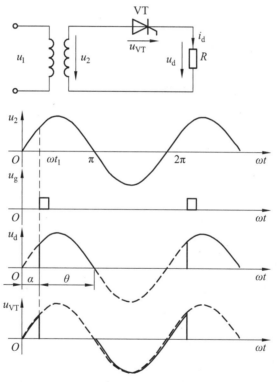

图 2-1　单相半波可控整流电路电阻性负载电路

单相半波电阻性负载可控整流电路由晶闸管 VT、电阻 R 及单相整流变压器 T 组成。交流电压 u_2 通过 R_d 施加到晶闸管的阳极和阴极两端，在 α（触发延迟角）之前，晶闸管虽然承受正向电压，但因触发电路尚未向门极送出触发脉冲，晶闸管仍保持阻断状态，无直流电压输出。在 α 时刻，触发电路向门极送出触发脉冲，晶闸管被触发导通。若不计管压降影响，则负载电阻两端的电压波形 u_d 就是变压器二次侧电压 u_2 的波形，流过负载的电流波形 i_d 与 u_d

相似。由于二次侧绕组、晶闸管以及电阻负载时是串联的，故 i_d 波形也就是流过晶闸管的电流 i_T 及流过变压器二次侧电流 i_2 的波形。

在 $\omega t = 180°$ 时，u_2 下降到零，晶闸管因阳极电流也下降到零而被关断，电路无输出。在 u_2 的负半周，由于晶闸管承受反向电压而处于反向阻断状态，负载两端电压为零。下一周期重复上述过程。

在单相半波可控整流电路电阻性负载电路中，移相角 α 的控制范围为 $0° \sim 180°$，对应的导通角 θ 的可变范围是 $180° \sim 0°$，两者的关系为 $\alpha + \theta = 180°$。从图 2-1 波形可知，改变移相角 α，输出整流电压 u_d 的波形和输出直流电压平均值 U_d 的大小也随之改变。

单相半波可控整流电路带电阻性负载电路参数的计算如下：

输出电压平均值与平均电流的计算：

$$U_d = \frac{1}{2\pi} \int_\alpha^\pi \sqrt{2}U_2 \sin\omega t \mathrm{d}\ (\omega t) = 0.45U_2 \frac{1+\cos\alpha}{2} \tag{2-1}$$

$$I_d = \frac{U_d}{R_d} = 0.45\frac{U_2}{R_d}\frac{1+\cos\alpha}{2} \tag{2-2}$$

可见，输出直流电压平均值 U_d 与整流变压器二次侧交流电压 U_2 和控制角 α 有关。当 U_2 给定后，U_d 仅与 α 有关，当 $\alpha = 90°$ 时，则 $U_{d0} = 0.45U_2$，为最大输出直流平均电压。当 $\alpha = 0°$ 时，$U_d = 0$。只要控制触发脉冲送出的时刻，U_d 就可以在 $0 \sim 0.45U_2$ 之间连续可调。

（1）负载上电压有效值与电流有效值的计算。

根据有效值的定义，U 应是 u_d 波形的均方根值，即

$$U = \sqrt{\frac{1}{2\pi}\int_\alpha^\pi (\sqrt{2}U_2\sin\omega t)^2 \mathrm{d}\ (\omega t)} = U_2\sqrt{\frac{\pi-\alpha}{2\pi} + \frac{\sin 2\alpha}{4\pi}} \tag{2-3}$$

负载电流有效值的计算：

$$I = \frac{U_2}{R_d}\sqrt{\frac{\pi-\alpha}{2\pi} + \frac{\sin 2\alpha}{4\pi}} \tag{2-4}$$

（2）晶闸管电流有效值 I_T 与管子两端可能承受的最大正反向电压 U_{TM}。

在单相半波可控整流电路种，晶闸管与负载串联，所以负载电流的有效值也就是流过晶闸管电流的有效值，其关系为

$$I = \frac{U_2}{R_d}\sqrt{\frac{\pi-\alpha}{2\pi} + \frac{\sin 2\alpha}{4\pi}} \tag{2-5}$$

由图 2-1 中 u_T 波形可知，晶闸管可能承受的正反向峰值电压为

$$U_{TM} = \sqrt{2}U_2 \tag{2-6}$$

（3）功率因数 $\cos\varphi$。

$$\cos\varphi = \frac{P}{S} = \frac{UI}{U_2 I} = \sqrt{\frac{\pi-\alpha}{2\pi} + \frac{\sin 2\alpha}{4\pi}} \tag{2-7}$$

2. 电感性负载

直流负载的感抗ωL_d和电阻R_d的大小相比不可忽略时，这种负载称电感性负载。属于此类负载的有：工业上电机的励磁线圈、输出串接电抗器的负载等。电感性负载与电阻性负载时有很大不同。为了便于分析，在电路中把电感L_d与电阻R_d分开，如图2-2所示。

我们知道，电感线圈是储能元件，当电流i_d流过线圈时，该线圈就储存有磁场能量，i_d愈大，线圈储存的磁场能量也愈大，当i_d减小时，电感线圈就要将所储存的磁场能量释放出来，试图维持原有的电流方向和电流大小。电感本身是不消耗能量的。众所周知，能量的存放是不能突变的，可见当流过电感线圈的电流增大时，L_d两端就要产生感应电动势，即$u_L = L_d \dfrac{\mathrm{d}i_d}{\mathrm{d}t}$，其方向应阻止$i_d$的增大，如图2-2（a）所示。反之，$i_d$要减小时，$L_d$两端感应的电动势方向应阻碍$i_d$的减小，如图2-2（b）所示。

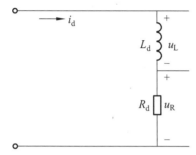 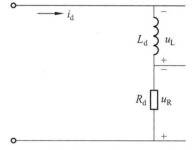

（a）电流i_d增大时L_d两端感应电动势方向　　（b）电流i_d减小时L_d两端感应电动势方向

图2-2　电感线圈对电流变化的阻碍作用

1）无续流二极管

图2-3为电感性负载无续流二极管某一控制角α时输出电压、电流的理论波形，从波形图上可以看出：

（1）在$0 \sim \alpha$期间：晶闸管阳极电压大于零，此时晶闸管门极没有触发信号，晶闸管处于正向阻断状态，输出电压和电流都等于零。

（2）在α时刻：门极加上触发信号，晶闸管被触发导通，电源电压u_2施加在负载上，输出电压$u_d = u_2$。由于电感的存在，在u_d的作用下，负载电流i_d只能从零开始按指数规律逐渐上升。

（3）在π时刻：交流电压过零，由于电感的存在，流过晶闸管的阳极电流仍大于零，晶闸管会继续导通，此时电感储存的能量一部分释放变成电阻的热能，同时另一部分送回电网，电感的能量全部释放完后，晶闸管在电源电压u_2的反压作用下截止。直到下一个周期的正半周，即$2\pi + \alpha$时刻，晶闸管再次被触发导通。如此循环，其输出电压、电流波形如图2-3所示。

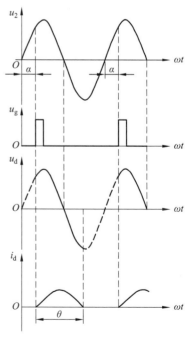

**图2-3　单相半波电感性负载时
输出电压及电流波形**

结论：由于电感的存在，使得晶闸管的导通角增大，在电源电压由正到负的过零点也不会关断，使负载电压波形出现部分负值，其结果使输出电压平均值 U_d 减小。电感越大，维持导电时间越长，输出电压负值部分占的比例愈大，U_d 减少愈多。当电感 L_d 非常大时（满足 $\omega L_d \gg R_d$，通常 $\omega L_d > 10R_d$ 即可），对于不同的控制角 α，导通角 θ 将接近 $2\pi - 2\alpha$，这时负载上得到的电压波形正负面积接近相等，平均电压 $U_d \approx 0\,\mathrm{V}$。可见，不管如何调节控制角 α，U_d 值总是很小，电流平均值 I_d 也很小，没有实用价值。

实际的单相半波可控整流电路在带有电感性负载时，都在负载两端并联有续流二极管。

2）接续流二极管

（1）电路结构。

为了使电源电压过零变负时能及时地关断晶闸管，使 u_d 波形不出现负值，又能给电感线圈 L_d 提供续流的旁路，可以在整流输出端并联二极管，如图 2-4 所示。由于该二极管是为电感负载在晶闸管关断时提供续流回路，因此称作续流二极管。

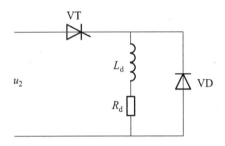

图 2-4　电感性负载接续流二极管时的电路

（2）工作原理。

图 2-5 所示为电感性负载接续流二极管某一控制角 α 时输出电压、电流的理论波形。

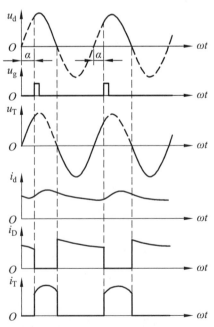

图 2-5　电感性负载接续流二极管时输出电压及电流波形

从波形图上可以看出：

①　在电源电压正半周（0～π区间），晶闸管承受正向电压，触发脉冲在 α 时刻触发晶闸管导通，负载上有输出电压和电流。在此期间续流二极管 VD 承受反向电压而关断。

②　在电源电压负半波（π～2π区间），电感的感应电压使续流二极管 VD 承受正向电压导通续流，此时电源电压 $u_2 < 0$，u_2 通过续流二极管使晶闸管承受反向电压而关断，负载两端的输出电压仅为续流二极管的管压降。如果电感足够大，续流二极管一直导通到下一周期晶闸管导通，使电流 i_d 连续，且 i_d 波形近似为一条直线。

结论：电阻负载加续流二极管后，输出电压波形与电阻性负载波形相同，可见续流二极管的作用是为了提高输出电压。负载电流波形连续且近似为一条直线，如果电感无穷大，则负载电流为一直线。流过晶闸管和续流二极管的电流波形是矩形波。

3）基本的物理量计算

（1）输出电压平均值 U_d 与输出电流平均值 I_d：

$$U_d = 0.45U_2 \frac{1+\cos\alpha}{2} \tag{2-8}$$

$$I_d = \frac{U_d}{R_d} = 0.45 \frac{U_2}{R_d} \frac{1+\cos\alpha}{2} \tag{2-9}$$

（2）流过晶闸管电流的平均值 I_{dT} 和有效值 I_T：

$$I_{dT} = \frac{\pi-\alpha}{2\pi} I_d \tag{2-10}$$

$$I_T = \sqrt{\frac{1}{2\pi} \int_\alpha^\pi I_d^2 \, \mathrm{d}(\omega t)} = \sqrt{\frac{\pi-\alpha}{2\pi}} I_d \tag{2-11}$$

（3）流过续流二极管电流的平均值 I_{dD} 和有效值 I_D：

$$I_{dD} = \frac{\pi+\alpha}{2\pi} I_d \tag{2-12}$$

$$I_D = \sqrt{\frac{\pi+\alpha}{2\pi}} I_d \tag{2-13}$$

（4）晶闸管和续流二极管承受的最大正反向电压。

晶闸管和续流二极管承受的最大正反向电压都为电源电压的峰值，即

$$U_{TM} = U_{DM} = \sqrt{2}U_2 \tag{2-14}$$

2.1.2　单相桥式整流电路

单相桥式整流电路分为单相桥式全控整流电路和单相桥式半控整流电路。

1. 单相桥式全控整流电路

1）电阻性负载

单相桥式整流电路带电阻性负载的电路及工作波形如图 2-6 所示。

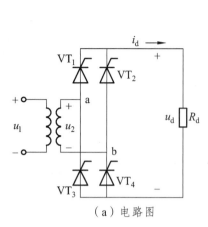

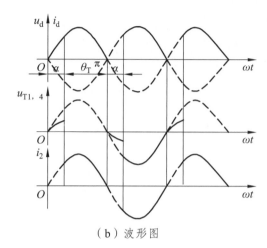

（a）电路图　　　　　　　　　　（b）波形图

图 2-6　单相桥式全控整流电路电阻性负载

晶闸管 VT_1 和 VT_4 为一组桥臂，而 VT_2 和 VT_3 组成另一组桥臂。在交流电源的正半周区间，即 a 端为正，b 端为负，VT_1 和 VT_4 会承受正向阳极电压，在相当于控制角 α 的时刻给 VT_1 和 VT_4 同时加脉冲，则 VT_1 和 VT_4 会导通。此时，电流 i_d 从电源 a 端经 VT_1、负载 R_d 及 VT_4 回电源 b 端，负载上得到电压 u_d 为电源电压 u_2（忽略了 VT_1 和 VT_4 的导通电压降），方向为上正下负，VT_2 和 VT_3 则因为 VT_1 和 VT_4 的导通而承受反向的电源电压 u_2 不会导通。因为是电阻性负载，所以电流 i_d 也跟随电压的变化而变化。当电源电压 u_2 过零时，电流 i_d 也降低为零，也即两只晶闸管的阳极电流降低为零，故 VT_1 和 VT_4 会因电流小于维持电流而关断。而在交流电源负半周区间，即 a 端为负，b 端为正，晶闸管 VT_2 和 VT_3 会承受正向阳极电压，在相当于控制角 α 的时刻给 VT_2 和 VT_3 同时加脉冲，则 VT_2 和 VT_3 被触发导通。电流 i_d 从电源 b 端经 VT_2、负载 R_d 及 VT_3 回电源 a 端，负载上得到电压 u_d 仍为电源电压 u_2，方向也还为上正下负，与正半周一致。此时，VT_1 和 VT_4 则因为 VT_2 和 VT_3 的导通承受了反向的电源电压 u_2 而处于截止状态。直到电源电压负半周结束，电源电压 u_2 过零时，电流 i_d 也过零，使得 VT_2 和 VT_3 关断。下一周期重复上述过程。

从图中可看出，负载上的直流电压输出波形与单相半波时多了一倍，晶闸管的控制角可从 0°～180°，导通角 θ_T 为 $\pi-\alpha$。晶闸管承受的最大反向电压为 $\sqrt{2}U_2$，而其承受的最大正向电压为 $\dfrac{\sqrt{2}}{2}U_2$。

单相全控桥式整流电路带电阻性负载电路参数的计算：

（1）输出电压平均值的计算公式：

$$U_d = \frac{1}{\pi}\int_{\alpha}^{\pi}\sqrt{2}U_2\sin\omega t \mathrm{d}(\omega t) = 0.9U_2\frac{1+\cos\alpha}{2} \tag{2-15}$$

（2）负载电流平均值的计算公式：

$$I_d = \frac{U_d}{R_d} = 0.9\frac{U_2}{R_d}\frac{1+\cos\alpha}{2} \tag{2-16}$$

（3）输出电压有效值的计算公式：

$$U = \sqrt{\frac{1}{\pi}\int_{\alpha}^{\pi}(\sqrt{2}U_2\sin\omega t)^2\,\mathrm{d}(\omega t)} = U_2\sqrt{\frac{1}{2\pi}\sin 2\alpha + \frac{\pi-\alpha}{\pi}} \qquad (2\text{-}17)$$

（4）负载电流有效值的计算公式：

$$I = \frac{U_2}{R_\mathrm{d}}\sqrt{\frac{1}{2\pi}\sin 2\alpha + \frac{\pi-\alpha}{\pi}} \qquad (2\text{-}18)$$

（5）流过每只晶闸管的电流的平均值的计算公式：

$$I_\mathrm{dT} = \frac{1}{2}I_\mathrm{d} = 0.45\frac{U_2}{R_\mathrm{d}}\frac{1+\cos\alpha}{2} \qquad (2\text{-}19)$$

（6）流过每只晶闸管的电流的有效值的计算公式：

$$I_\mathrm{T} = \sqrt{\frac{1}{2\pi}\int_{\alpha}^{\pi}\left(\frac{\sqrt{2}U_2}{R_\mathrm{d}}\sin\omega t\right)^2\mathrm{d}(\omega t)} = \frac{U_2}{R_\mathrm{d}}\sqrt{\frac{1}{4\pi}\sin 2\alpha + \frac{\pi-\alpha}{2\pi}} = \frac{1}{\sqrt{2}}I \qquad (2\text{-}20)$$

（7）晶闸管可能承受的最大电压为

$$U_\mathrm{TM} = \sqrt{2}U_2 \qquad (2\text{-}21)$$

2）电感性负载

图 2-7 为单相桥式全控整流电路带电感性负载的电路。假设电路电感很大，输出电流连续，电路处于稳态。

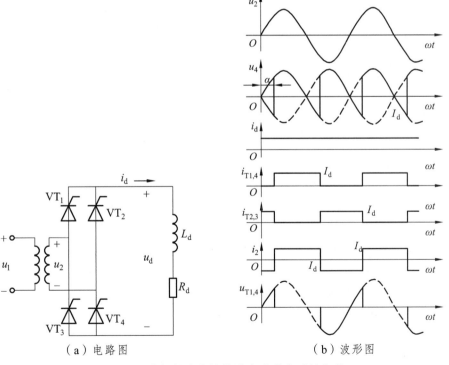

（a）电路图　　　　　　　　　（b）波形图

图 2-7　单相桥式全控整流电路带电感性负载

41

在电源 u_2 正半周时，在相当于 α 角的时刻给 VT_1 和 VT_4 同时加触发脉冲，则 VT_1 和 VT_4 会导通，输出电压为 $u_d = u_2$。至电源电压过零变负时，由于电感产生的自感电动势会使 VT_1 和 VT_4 继续导通，而输出电压仍为 $u_d = u_2$，所以出现了负电压的输出。此时，可关断晶闸管 VT_2 和 VT_3 虽然已承受正向电压，但还没有触发脉冲，所以不会导通。直到在负半周相当于 α 角的时刻，给 VT_2 和 VT_3 同时加触发脉冲，则因 VT_2 的阳极电压比 VT_1 高，VT_3 的阴极电压比 VT_4 的低，故 VT_2 和 VT_3 被触发导通，分别替换了 VT_1 和 VT_4，而 VT_1 和 VT_4 将由于 VT_2 和 VT_3 的导通承受反向电压而关断，负载电流也改为经过 VT_2 和 VT_3 了。

由图 2-7（b）的输出负载电压 u_d、负载电流 i_d 的波形可看出，与电阻性一负载相比，u_d 的波形出现了负半周部分，i_d 的波形则是连续的近似的一条直线，这是由于电感中的电流不能突变，电感起到了平波的作用，电感愈大则电流愈平稳。

两组管子轮流导通，每只晶闸管的导通时间较电阻性负载时延长了，导通角 $\theta_T = \pi$，与 α 无关。

单相全控桥式整流电路带电感性负载电路参数的计算：

（1）输出电压平均值的计算公式：

$$U_d = 0.9 U_2 \cos \alpha \tag{2-22}$$

在 $\alpha = 0°$ 时，输出电压 U_d 最大，$U_{d0} = 0.9 U_2$；在 $\alpha = 90°$ 时，输出电压 U_d 最小，等于 0。因此 α 的移相范围是 $0° \sim 90°$。

（2）负载电流平均值的计算公式：

$$I_d = \frac{U_d}{R} = 0.9 \frac{U_2}{R_d} \cos \alpha \tag{2-23}$$

（3）流过一只晶闸管的电流的平均值和有效值的计算公式：

$$I_{dT} = \frac{1}{2} I_d \tag{2-24}$$

$$I_T = \frac{1}{\sqrt{2}} I_d \tag{2-25}$$

（4）晶闸管可能承受的最大电压为：

$$U_{TM} = \sqrt{2} U_2 \tag{2-26}$$

为了扩大移相范围，去掉输出电压的负值，提高 U_d 的值，也可以在负载两端并联续流二极管，如图 2-8 所示。接了续流二极管以后，α 的移相范围可以扩大到 $0° \sim 180°$。

对于直流电动机和蓄电池等反电动势负载，由于反电动势的作用，使整流电路中晶闸管导通的时间缩短，相应的负载电流出现断续，脉动程度高。为了解决这一问题，往往在反电动势负载侧串接一平波电抗器，利用电感平稳电流的作用来减少负载电流的脉动并延长晶闸管的导通时间。只要电感足够大，电流就会连续，直流输出电压和电流就与接入电感性负载时一样。

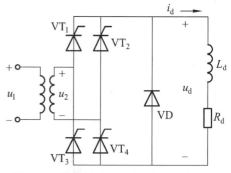

图 2-8　并接续流二极管的单相全控桥

42

2.1.3 单相桥式半控整流电路

在单相桥式全控整流电路中，由于每次都要同时触发两只晶闸管，因此线路较为复杂。为了简化电路，实际上可以采用一只晶闸管来控制导电回路，然后用一只整流二极管来代替另一只晶闸管。所以把图 2-6 中的 VT_3 和 VT_4 换成二极管 VD_3 和 VD_4，就形成了单相桥式半控整流电路，如图 2-9 所示。

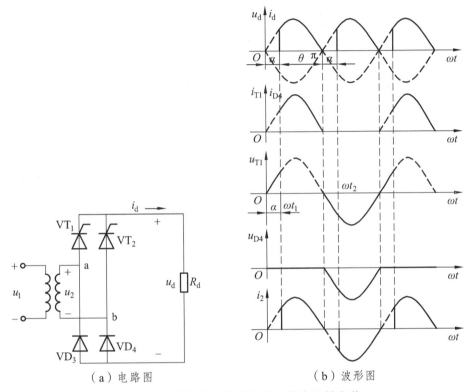

（a）电路图　　　　　　　　（b）波形图

图 2-9　单相桥式半控整流电路带电阻性负载

1. 电阻性负载

单相半控桥式整流电路带电阻性负载时的电路如图 2-9 所示。工作情况同桥式全控整流电路相似，两只晶闸管仍是共阳极连接，即使同时触发两只管子，也只能是阳极电位高的晶闸管导通。而两只二极管是共阳极连接，总是阴极电位低的二极管导通，因此，在电源 u_2 的正半周一定是 VD_4 正偏，在 u_2 负半周一定是 VD_3 正偏。所以，在电源正半周时，触发晶闸管 VT_1 导通，二极管 VD_4 正偏导通，电流由电源 a 端经 VT_1 和负载 R_d 及 VD_4，回电源 b 端，若忽略两管的正向导通压降，则负载上得到的直流输出电压就是电源电压 u_2，即 $u_d = u_2$。在电源负半周时，触发 VT_2 导通，电流由电源 b 端经 VT_2 和负载 R_d 及 VD_3，回电源 a 端，输出仍是 $u_d = u_2$，只不过在负载上的方向没变。在负载上得到的输出波形（如图 2-9（b）所示）与全控桥带电阻性负载时是一样的。

单相全控桥式整流电路带电阻性负载电路参数的计算如下：

（1）输出电压平均值的计算公式：

$$U_d = 0.9U_2 \frac{1+\cos\alpha}{2} \tag{2-27}$$

α 的移相范围是 $0° \sim 180°$。

（2）负载电流平均值的计算公式：

$$I_d = \frac{U_d}{R_d} = 0.9\frac{U_2}{R_d} = 0.9\frac{U_2}{R_d}\frac{1+\cos\alpha}{2} \tag{2-28}$$

（3）流过一只晶闸管和整流二极管的电流的平均值和有效值的计算公式：

$$I_{dT} = I_{dD} = \frac{1}{2}I_d \tag{2-29}$$

$$I_T = \frac{1}{\sqrt{2}}I \tag{2-30}$$

（4）晶闸管可能承受的最大电压为

$$U_{TM} = \sqrt{2}U_2 \tag{2-31}$$

2. 电感性负载

单相半控桥式整流电路带电感性负载时的电路如图 2-10 所示。在交流电源的正半周区间

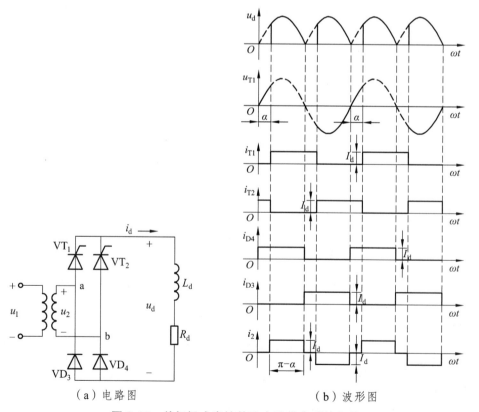

（a）电路图　　　　　　　（b）波形图

图 2-10　单相桥式半控整流电路带电感性负载

内，二极管 VD_4 处于正偏状态，在相当于控制角 α 的时刻给晶闸管加脉冲，则电源由 a 端经 VT_1 和 VD_4 向负载供电，负载上得到的电压 $u_d = u_2$，方向为上正下负。至电源 u_2 过零变负时，由于电感自感电动势的作用，会使晶闸管继续导通，但此时二极管 VD_3 的阴极电位变得比 VD_4 的低，所以电流由 VD_4 换流到了 VD_3。此时，负载电流经 VT_1、R_d 和 VD_3 续流，而没有经过交流电源，因此，负载上得到的电压为 VT_1 和 VD_3 的正向压降，接近为零，这就是单相桥式半控整流电路的自然续流现象。在 u_2 负半周相同 α 角处，触发晶闸管 VT_2，由于 VT_2 的阳极电位高于 VT_1 的阳极电位，所以，VT_1 换流给了 VT_2，电源经 VT_2 和 VD_3 向负载供电，直流输出电压也为电源电压，方向上正下负。同样，当 u_2 由负变正时，又改为 VT_2 和 VD_4 续流，输出又为零。

这个电路输出电压的波形与带电阻性负载时一样，但直流输出电流的波形由于电感的平波作用而变为一条直线。

因此可知单相桥式半控整流电路带大电感负载时的工作特点是:晶闸管在触发时刻换流，二极管则在电源过零时刻换流；电路本身就具有自然续流作用，负载电流可以在电路内部换流，所以，即使没有续流二极管，输出也没有负电压，与全控桥电路不一样。虽然此电路看起来不用像全控桥一样接续流二极管也能工作，但实际上若突然关断触发电路或突然把控制角 α 增大到 180°时，电路会发生失控现象。失控后，即使去掉触发电路，电路也会出现正在导通的晶闸管一直导通，而两只二极管轮流导通的情况，使 u_d 仍会有输出，但波形是单相半波不可控的整流波形，这就是所谓的失控现象。为解决失控现象，单相桥式半控整流电路带电感性负载时，仍需在负载两端并接续流二极管 VD。这样，当电源电压过零变负时，负载电流经续流二极管续流，使直流输出接近零，迫使原导通的晶闸管关断。加了续流二极管后的电路及波形如图 2-11 所示。

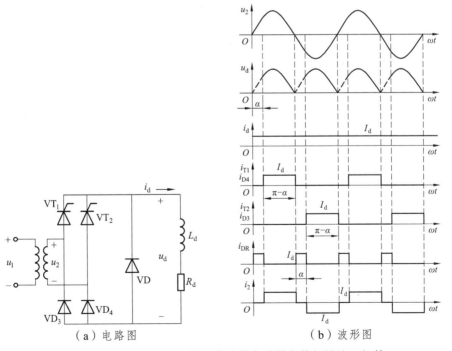

（a）电路图　　　　（b）波形图

图 2-11　单相桥式半控整流电路带电感性负载加续流二极管

加了续流二极管后，单相全控桥式整流电路带电感性负载电路参数的计算如下：

（1）输出电压平均值的计算公式：

$$U_d = 0.9U_2 \frac{1+\cos\alpha}{2} \tag{2-32}$$

α 的移相范围是 $0° \sim 180°$。

（2）负载电流平均值的计算公式：

$$I_d = \frac{U_d}{R_d} = 0.9 \frac{U_2}{R_d} \frac{1+\cos\alpha}{2} \tag{2-33}$$

（3）流过一只晶闸管和整流二极管的电流的平均值和有效值的计算公式：

$$I_{dT} = I_{dD} = \frac{\pi-\alpha}{2\pi} I_d \tag{2-34}$$

$$I_T = I_D = \sqrt{\frac{\pi-\alpha}{2\pi}} I_d \tag{2-35}$$

（4）流过续流二极管的电流的平均值和有效值分别为：

$$I_{dDR} = \frac{2\alpha}{2\pi} I_d = \frac{\alpha}{\pi} I_d \tag{2-36}$$

$$I_{DR} = \sqrt{\frac{\alpha}{\pi}} I_d \tag{2-37}$$

（5）晶闸管可能承受的最大电压：

$$U_{TM} = \sqrt{2} U_2 \tag{2-38}$$

2.2 三相可控整流电路

2.2.1 三相半波可控整流电路

1. 电阻性负载

三相半波可控整流电路如图 2-12（a）所示。T_r 为三相整流变压器，晶闸管 VT_1、VT_3、VT_5 分别与变压器的 U、V、W 三相相连，三只晶闸管阴极连接在一起经负载电阻 R 与变压器的中线相连，组成共阴极接法电路。

1）电路工作原理与波形分析

整流变压器的二次侧相电压有效值为 U_2，三相电压波形如图 2-12（b）所示，表达式分别为：

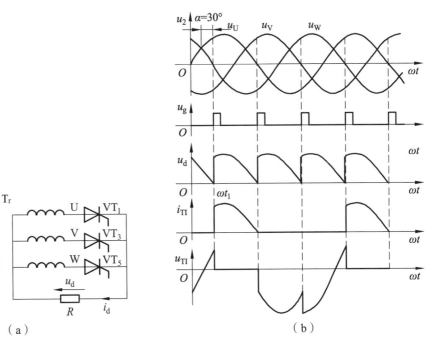

（a）　　　　　　　　　　　（b）

图 2-12　三相半波可控整流电路

$$u_{\mathrm{U}} = \sqrt{2}U_2 \sin \omega t \qquad\qquad (2\text{-}39)$$

$$u_{\mathrm{V}} = \sqrt{2}U_2 \sin(\omega t - 2\pi/3) \qquad\qquad (2\text{-}40)$$

$$u_{\mathrm{W}} = \sqrt{2}U_2 \sin(\omega t + 2\pi/3) \qquad\qquad (2\text{-}41)$$

电源电压是不断变化的，依据晶闸管的单相导电原则，三只晶闸管中哪只导通取决于晶闸管各自所接的电压中哪一相电压瞬时值最高，则该相所接晶闸管可被触发导通，而另外两只则承受反向电压而阻断。

下面分析触发角 $\alpha = 30°$ 时，整流电路的工作原理。

假设电路已在工作，W 相所接的晶闸管 VT_5 导通，经过自然切换点时，由于 U 相所接晶闸管 VT_1 的触发脉冲尚未到达，故无法导通。于是 VT_5 管仍承受正向电压继续导通，直到过 U 相自然换向点 30°，即 $\alpha = 30°$ 时，晶闸管 VT_1 被触发导通，输出电压由 u_{w} 转化成 u_{u}，波形如图 2-12（b）所示。VT_1 的导通使晶闸管 VT_5 承受反向电压而被迫关断，负载电流 i_{d} 从 W 换到 U 相。依此类推，其他两相也依次轮流导通与关断。负载电流 i_{d} 波形与 u_{d} 波形相似，而流过晶闸管 VT_1 的电流 i_{T1} 的波形是 i_{d} 波形的 1/3 区间。

显然当触发脉冲后移到 $\alpha = 150°$ 时，由于晶闸管已经不再承受正向电压而无法导通，$U_{\mathrm{d}} = 0$ V。所以三相半波可控整流电路带电阻性负载时，其触发角 α 的可调范围是 $0° \sim 150°$。

2）各电量计算

直流平均电压 U_{d} 及负载电流 I_{d}

根据电路工作原理，U_{d} 波形在 $0° \leqslant \alpha \leqslant 30°$ 区间是连续的，而 $30° < \alpha \leqslant 150°$ 区间是断续的，故求它的直流平均电压要分别计算。

（1）$0° \leqslant \alpha \leqslant 30°$时，

$$U_d = \frac{3}{2\pi} \int_{\frac{\pi}{6}+\alpha}^{\pi/6+\alpha+2\pi/3} \sqrt{2}U_2 \sin \omega t \mathrm{d} (\omega t) = 1.17U_2 \cos \alpha = U_{d0} \cos \alpha \qquad (2\text{-}42)$$

其中，$U_{d0} = 1.17U_2$是指$\alpha = 0°$输出直流平均电压。

（2）$30° < \alpha \leqslant 150°$时，

$$U_d = \frac{3}{2\pi} \int_{\frac{\pi}{6}+\alpha}^{\pi} \sqrt{2}U_2 \sin \omega t \mathrm{d} (\omega t) = \frac{3\sqrt{2}U_2}{2\pi} \left[1 + \cos\left(\frac{\pi}{6}+\alpha\right) \right]$$
$$= 0.675U_2 \left[1 + \cos\left(\frac{\pi}{6}+\alpha\right) \right] \qquad (2\text{-}43)$$

由于I_d波形与U_d波形相似，数值上相差R倍，即负载电流平均值为

$$I_d = U_d / R \qquad (2\text{-}44)$$

流过晶闸管的电流平均值为

$$I_{dT} = \frac{1}{3} I_d \qquad (2\text{-}45)$$

晶闸管承受的最高电压为

$$U_{TM} = \sqrt{6}U_2 \qquad (2\text{-}46)$$

2. 大电感负载

1）电路工作原理与波形分析

大电感负载的三相半波可控整流电路，如图 2-13（a）所示。由于负载是大电感，所以只要输出电压平均值U_d不为零，晶闸管导通角均为$120°$，与触发延迟角α无关。图 2-13（b）为$\alpha = 60°$的波形图。

2）各电量计算

（1）输出电压平均值U_d。

$$U_d = \frac{3}{2\pi} \int_{\frac{\pi}{6}+\alpha}^{5\pi/6+\alpha} \sqrt{2}U_2 \sin \omega t \mathrm{d}(\omega t) = 1.17U_2 \cos \alpha = U_{d0} \cos \alpha \qquad (2\text{-}47)$$

由（2-47）式看出，大电感负载的U_d计算式与电阻性负载在 $0° \leqslant \alpha \leqslant 30°$时的$U_d$公式相同。在$\alpha > 30°$以后，大电感负载的$U_d$波形出现负值，在同一$\alpha$角时，$U_d$值将比电阻负载时小。

（2）负载电流平均值。

$$I_d = I_0 = U_R / R_d \qquad (2\text{-}48)$$

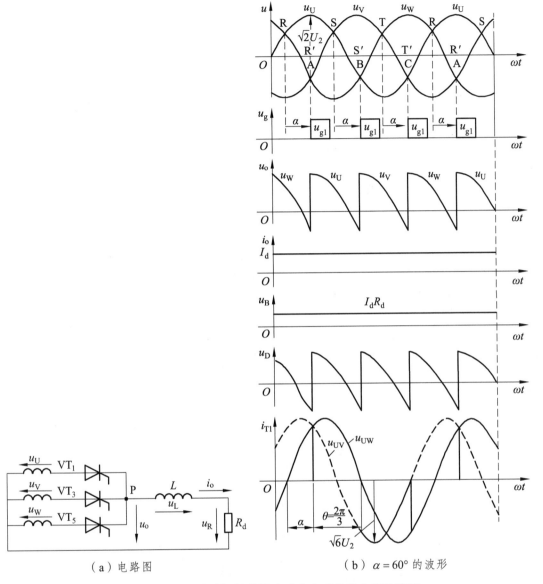

（a）电路图　　　　（b）$\alpha = 60°$ 的波形

图 2-13　三相半波可控整流电路大电感负载电路及波形

（3）流过晶闸管的电流平均值 I_{dT}、有效值 I_T 以及承受的最高电压 U_{TM} 分别为：

$$I_{dT} = \frac{1}{3} I_d \tag{2-49}$$

$$I_T = \sqrt{\frac{1}{3}} I_d \tag{2-50}$$

$$U_{TM} = \sqrt{6} U_2 \tag{2-51}$$

2.2.2 三相桥式全控整流电路

图 2-14 为三相桥式全控整流电路，将其中阴极连接在一起的 3 个晶闸管（VT_1、VT_3、VT_5）称为共阴极组；阳极连接在一起的 3 个晶闸管（VT_4、VT_6、VT_2）称为共阳极组。此外，习惯上希望晶闸管按从 1 至 6 的顺序导通，为此将晶闸管按图示的顺序编号，即共阴极组中与 a、b、c 三相电源相接的 3 个晶闸管分别为 VT_1、VT_3、VT_5，共阳极组中与 a、b、c 三相电源相接的 3 个晶闸管分别为 VT_4、VT_6、VT_2。从后面的分析可知，按此编号，晶闸管的导通顺序为 $VT_1 - VT_2 - VT_3 - VT_4 - VT_5 - VT_6$。

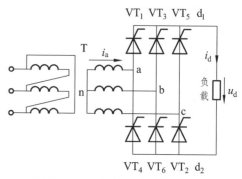

图 2-14 三相桥式全控整流电路

1. 主电路原理说明

假设将电路中的晶闸管换作二极管，这种情况也就相当于晶闸管触发角 $\alpha = 0°$ 时的情况。此时，对于共阴极组的 3 个晶闸管，阳极所接交流电压值最高的一个导通。而对于共阳极组的 3 个晶闸管，则是阴极所接交流电压值最低的一个导通。这样，任意时刻共阳极组和共阴极组中各有 1 个晶闸管处于导通状态，施加于负载上的电压为某一线电压。此时电路工作波形如图 2-15 所示。

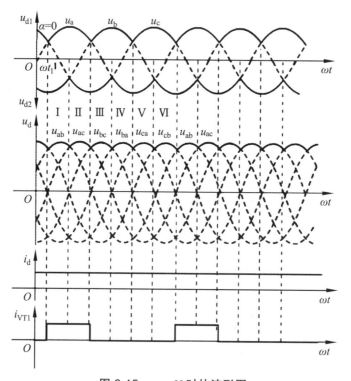

图 2-15 $\alpha = 0°$ 时的波形图

$\alpha = 0°$ 时，各晶闸管均在自然换相点处换相。由图中变压器二次侧绕组相电压与线电压波形的对应关系看出，各自然换相点既是相电压的交点，同时也是线电压的交点。在分析 u_d 的波形时，既可从相电压波形分析，也可以从线电压波形分析。从相电压波形看，以变压器二次侧的中点 n 为参考点，共阴极组晶闸管导通时，整流输出电压 u_{d1} 为相电压在正半周的包络线；共阳极组导通时，整流输出电压 u_{d2} 为相电压在负半周的包络线，总的整流输出电压 $u_d = u_{d1} - u_{d2}$ 是两条包络线间的差值，将其对应到线电压波形上，即为线电压在正半周的包络线。

直接从线电压波形看，由于共阴极组中处于通态的晶闸管对应的最大的相电压，而共阳极组中处于通态的晶闸管对应的是最小的相电压，输出整流电压 u_d 为这两个相电压相减，是线电压中最大的一个，因此输出整流电压 u_d 波形为线电压在正半周的包络线。

由于负载端接得有电感且电感的阻值趋于无穷大，电感对电流变化有抗拒作用。流过电感器件的电流变化时，在其两端产生感应电动势，它的极性是阻止电流变化的。当电流增加时，它的极性阻止电流增加，当电流减小时，它的极性反过来阻止电流减小。电感的这种作用使得电流波形变得平直，电感无穷大时电流波形趋于一条平直的直线。

为了说明各晶闸管的工作的情况，将波形中的一个周期等分为 6 段，每段为 60°，每一段中导通的晶闸管及输出整流电压的情况如表 2-1 所示。由该表可见，6 个晶闸管的导通顺序为 $VT_1 \rightarrow VT_2 \rightarrow VT_3 \rightarrow VT_4 \rightarrow VT_5 \rightarrow VT_6$。

表 2-1 $\alpha = 0°$ 时晶闸管工作情况

时段	I	II	III	IV	V	VI
导通的晶闸管	VT_1、VT_6	VT_1、VT_2	VT_2、VT_3	VT_3、VT_4	VT_4、VT_5	VT_5、VT_6
整流输出电压	$U_a\text{-}U_b = U_{ab}$	$U_a\text{-}U_c = U_{ac}$	$U_b\text{-}U_c = U_{bc}$	$U_b\text{-}U_a = U_{ba}$	$U_c\text{-}U_a = U_{ca}$	$U_c\text{-}U_b = U_{cb}$

图 2-16 给出了 $\alpha = 30°$ 时的波形。从 ωt_1 角开始把一个周期等分为 6 段，每段为 60° 与

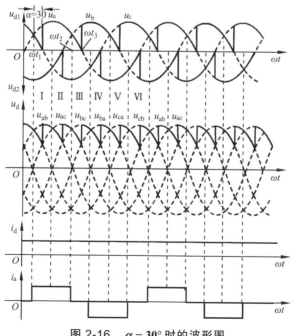

图 2-16 $\alpha = 30°$ 时的波形图

$\alpha = 0°$ 时的情况相比，一周期中 u_d 波形仍由 6 段线电压构成，每一段导通晶闸管的编号仍符合表 2-1 的规律。区别在于，晶闸管起始导通时刻推迟了 30°，组成 u_d 的每一段线电压因此推迟 30°，u_d 平均值降低。晶闸管电压波形也相应发生变化如图 2-16 所示。图中同时给出了变压器二次侧 a 相电流 i_a 的波形，该波形的特点是，在 VT_1 处于通态的 120° 期间，i_a 为正，由于大电感的作用，i_a 波形的形状近似为一条直线，在 VT_4 处于通态的 120° 期间，i_a 波形的形状也近似为一条直线，但为负值。

由以上分析可见，当 $\alpha \leqslant 60°$ 时，u_d 波形均连续，对于带大电感的反电动势，i_d 波形由于电感的作用为一条平滑的直线并且也连续。当 $\alpha > 60°$ 时，u_d 平均值继续降低，由于电感的存在延迟了 VT 的关断时刻，使得 u_d 的值出现负值，当电感足够大时，u_d 中正负面积基本相等，u_d 平均值近似为零。这说明带阻感的反电动势的三相桥式全控整流电路的 α 角的移相范围为 90°。

2. 各参数的计算

（1）整流输出电压平均值 U_d。

三相桥式全控整流电路中，整流输出电压的波形在一个周期内脉动 6 次，且每次脉动的波形相同，因此在计算其平均值时，只需对一个脉波（即 1/6 周期）进行计算即可。此外，因为电压输出波形是连续的，可得整流输出电压连续时的平均值为

$$U_d = \frac{6}{2\pi} \int_{\frac{\pi}{3}+\alpha}^{\frac{2\pi}{3}+\alpha} \sqrt{6}U_2 \sin \omega t \, d(\omega t) = \frac{3\sqrt{6}}{\pi}U_2 \cos \alpha \approx 2.34 U_2 \cos \alpha \qquad (2\text{-}52)$$

（2）负载电流平均值 I_d。

$$I_d = \frac{U_d - E}{R_\Sigma} \qquad (2\text{-}53)$$

（3）整流变压器二次侧绕组电流有效值 I_a。

由于 i_a 波形是方波，而且一周里有 2/3 时间在工作，所以，二次侧绕组（指星形接法）电流有效值 I_a 为

$$I_a = \sqrt{\frac{2}{3}} I_d = 0.816 I_d \qquad (2\text{-}54)$$

（4）流过晶闸管电流平均值 I_{dT}、有效值 I_T 和晶闸管承受的最高电压 U_{TM}。

由于流过晶闸管的电流是方波，一周期内每管仅导通 1/3 个周期，所以，流过晶闸管电流平均值 I_{dT} 和有效值 I_T 分别为：

$$I_{dT} = \frac{1}{3} I_d \qquad (2\text{-}55)$$

$$I_T = \sqrt{\frac{1}{3}} I_d \approx 0.577 I_d \qquad (2\text{-}56)$$

晶闸管两端承受的最高电压与三相半波一样，为线电压的最大值，即

$$U_{TM} = \sqrt{6}U_2 \approx 2.45U_2 \qquad\qquad (2\text{-}57)$$

综上所述，三相桥式全控整流电路输出电压脉动小，脉动频率高，在负载要求相同的直流电压下，晶闸管承受的最大正反向电压将比三相半波减小一半，变压器的容量也较小，同时三相电流均衡，无需中线，适用于要求大功率高电压可变直流电源的负载。

2.3 整流电路的有源逆变状态

2.3.1 有源逆变的工作原理

整流与有源逆变的根本区别就表现在两者能量传送方向的不同。一个相控整流电路，只要满足一定条件，也可工作于有源逆变状态。这种装置称为变流装置或变流器。

1. 两电源间的能量传递

如图 2-17 所示，我们来分析一下两个电源间的功率传递问题。

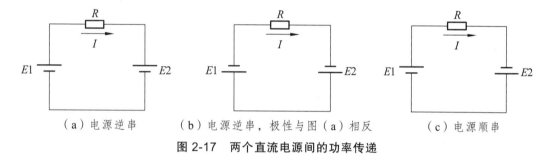

（a）电源逆串　　　　（b）电源逆串，极性与图（a）相反　　　　（c）电源顺串

图 2-17　两个直流电源间的功率传递

图 2-17（a）为两个电源同极性连接，称为电源逆串。当 $E_1 > E_2$ 时，电流 I 从 E_1 正极流出，流入 E_2 正极，为顺时针方向，其大小为

$$I = \frac{E_1 - E_2}{R} \qquad\qquad (2\text{-}58)$$

在这种连接情况下，电源 E_1 输出功率 $P_1 = E_1 I$，电源 E_2 吸收功率 $P_2 = E_2 I$，电阻 R 上消耗的功率为 $P_R = P_1 - P_2 = RI^2$，P_R 为两电源功率之差。

图 2-17（b）也是两电源同极性相连，，但两电源的极性与（a）图正好相反。当 $E_2 > E_1$ 时，电流仍为顺时针方向，但是从 E_2 正极流出，流入 E_1 正极，其大小为

$$I = \frac{E_2 - E_1}{R} \qquad\qquad (2\text{-}59)$$

在这种连接情况下，电源 E_2 输出功率，而 E_1 吸收功率，电阻 R 仍然消耗两电源功率之差，即这 $R_R = P_2 - P_1$。

图 2-17（c）为两电源反极性连接，称为电源顺串。此时电流仍为顺时针方向，大小为

$$I = \frac{E_1 + E_2}{R} \qquad\qquad (2\text{-}60)$$

此时电源 E_1 与 E_2 均输出功率，电阻上消耗的功率为两电源功率之和：$R_R = P_1 + P_2$。若回路电阻很小，则 I 很大，这种情况相当于两个电源间短路。

通过上述分析，我们知道：

（1）无论电源是顺串还是逆串，只要电流从电源正极端流出，则该电源就输出功率；反之，若电流从电源正极端流入，则该电源就吸收功率。

（2）两个电源逆串连接时，回路电流从电动势高的电源正极流向电动势低的电源正极。如果回路电阻很小，即使两电源电动势之差不大，也可产生足够大的回路电流，使两电源间交换很大的功率。

（3）两个电源顺串时，相当于两电源电动势相加后再通过 R 短路，若回路电阻 R 很小，则回路电流会非常大，这种情况在实际应用中应当避免。

2. 有源逆变的工作原理

在上述两电源回路中，若用晶闸管变流装置的输出电压代替 E_1，用直流电机的反电动势代替 E_2，就成了晶闸管变流装置与直流电机负载之间进行能量交换的问题，如图 2-18 所示。

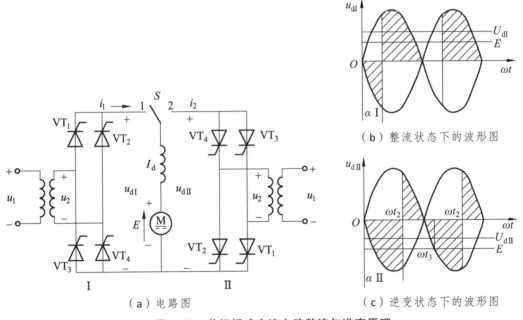

（a）电路图　　　　（b）整流状态下的波形图

（c）逆变状态下的波形图

图 2-18　单相桥式变流电路整流与逆变原理

图 2-18（a）中有两组单相桥式变流装置，均可通过开关 S 与直流电动机负载相连。将开关拨向位置 1，且让 I 组晶闸管的控制角 $\alpha_1 < 90°$，则电路工作在整流状态，输出电压 U_{dI} 上正下负，波形如图 2-18（b）所示。此时，电动机作电动运行，电动机的反电动势 E 上正下负，并且通过调整 α 角使 $|U_{dI}| > |E|$，则交流电压通过 I 组晶闸管输出功率，电动机吸收功率。负载中电流 I_d 值为

$$I_d = \frac{U_{dI} - E}{R} \tag{2-61}$$

将开关 S 快速拨向位置 2。由于机械惯性，电动机转速不变，则电动机的反电动势 E 不变，且极性仍为上正下负。此时，若仍按控制角 $\alpha_{\text{II}} < 90°$ 触发 II 组晶闸管，则输出电压 U_{dII} 为上正下负，与 E 形成两电源顺串连接。这种情况与图 2-9（c）所示相同，相当于短路事故，因此不允许出现。

若当开关 S 拨向位置 2 时，又同时触发脉冲控制角调整到 $\alpha_{\text{II}} > 90°$，则 II 组晶闸管输出电压 U_{dII} 将为上负下正，波形如图 2-18（c）所示。假设由于惯性原因电动机转速不变，反电动势不变，并且调整 α 角使 $|U_{\text{dII}}| < |E|$，则晶闸管在 E 与 u_2 的作用下导通，负载中电流为

$$I_{\text{d}} = \frac{E - U_{\text{dII}}}{R} \tag{2-62}$$

这种情况下，电动机输出功率，运行于发电制动状态，II 组晶闸管吸收功率并将功率送回交流电网。这种情况就是有源逆变。

由以上分析及输出电压波形可以看出，逆变时的输出电压与整流时相同，计算公式仍为

$$U_{\text{d}} = 0.9U_2 \cos\alpha \tag{2-63}$$

因为此时控制角 α 大于 90°，使得计算出来的结果小于零，为了计算方便，我们令 $\beta = 180° - \alpha$，称 β 为逆变角，则

$$U_{\text{d}} = 0.9U_2 \cos\alpha = 0.9U_2 \cos\left(180° - \beta\right) = -0.9U_2 \cos\beta \tag{2-64}$$

综上所述，实现有源逆变必须满足下列条件：

（1）变流装置的直流侧必须外接电压极性与晶闸管导通方向一致的直流电源，且其值稍大于变流装置直流侧的平均电压。

（2）变流装置必须工作在 $\beta < 90°$（即 $\alpha > 90°$）区间，使其输出直流电压极性与整流状态时相反，才能将直流功率逆变为交流功率送至交流电网。

上述两条必须同时具备才能实现有源逆变。为了保持逆变电流连续，逆变电路中都要串接大电感。需要指出的是，半控桥或接有续流二极管的电路，因不可能输出负电压，也不允许直流侧接上输出反极性的直流电动势，所以这些电路不能实现有源逆变。

2.3.2 逆变失败与逆变角的限制

1. 逆变失败的原因

晶闸管变流装置工作有逆变状态时，如果出现电压 U_{d} 与直流电动势 E 顺向串联，则直流电动势 E 通过晶闸管电路形成短路，由于逆变电路总电阻很小，必然形成很大的短路电流，造成事故，这种情况称为逆变失败，或称为逆变颠覆。

现以单相全控桥式逆变电路为例说明。在图 2-19 所示电路中，原本是 VT$_2$ 和 VT$_3$ 导通，输出电压 u_2'；在换相时，应由 VT$_3$、VT$_4$ 换相为 VT$_1$ 和 VT$_2$ 导通，输出电压为 u_2。但由于逆变 β 太小，小于换相重叠角 γ，因此在换相时，两组晶闸管会同时导通。而在换相重叠完成后，已过了自然换相点，使得 u_2' 为正，而 u_2 为负，VT$_1$ 和 VT$_4$ 因承受反压不能导通，VT$_3$ 和 VT$_4$ 则承受正压继续导通，输出 u_2'。这样就出现了逆变失败。

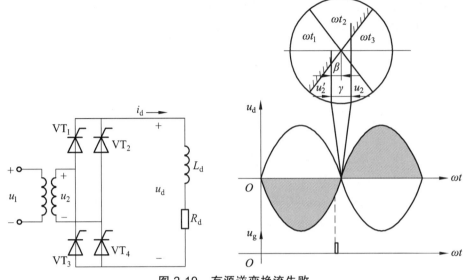

图 2-19　有源逆变换流失败

造成逆变失败的原因主要有以下几种情况：

（1）触发电路故障。如触发脉冲丢失、脉冲延时等不能适时、准确地向晶闸管分配脉冲的情况，均会导致晶闸管不能正常换相。

（2）晶闸管故障。如晶闸管失去正常导通或阻断能力，该导通时不能导通，该阻断时不能阻断，均会导致逆变失败。

（3）逆变状态时交流电源突然缺相或消失。由于此时变流器的交流侧失去了与直流电动势 E 极性相反的电压，致使直流电动势经过晶闸管形成短路。

（4）逆变角 β 取值过小，造成换相失败。因为电路存在大感性负载，会使欲导通的晶闸管不能瞬间导通，欲关断的晶闸管也不能瞬间完全关断，因此就存在换相时两个管子同时导通的情况，这种在换相时两个晶闸管同时导通时所对应的电角度称为换相重叠角。逆变角可能小于换相重叠角，即 $\beta < \gamma$，则到了 $\beta = 0°$ 点时刻换流还未结束，使得该关断的晶闸管又因承受正向电压而导通，尚未导通的晶闸管则在短暂的导通之后因承受反压而关断，这相当于触发脉冲丢失，造成逆变失败。

2. 逆变失败的限制

为了防止逆变失败，应当合理选择晶闸管的参数，对其触发电路的可靠性、元件的质量以及过电流保护性能等都有比整流电路更高的要求。逆变角的最小值也应严格限制，不可过小。

逆变时允许的最小逆变角 β_{min} 应考虑几个因素：不得小于换向重叠角 γ，考虑晶闸管本身关断时所对应的电角度，考虑一个安全裕量等，这样最小逆变角 β_{min} 的取值一般为

$$\beta_{min} \geqslant 30° \sim 35° \tag{2-65}$$

为防止 β 小于 β_{min}，有时要在触发电路中设置保护电路，使减小 β 时，不能进入 $\beta < \beta_{min}$ 的区域。此外还可在电路中加上安全脉冲产生装置，安全脉冲位置就设在 β_{min} 处，一旦工作脉冲就移入 β_{min} 处，安全脉冲保证在 β_{min} 处触发晶闸管。

2.4 电容滤波的不控整流电路

在交-直-交变频器等电力电子电路中，大多采用不可控整流电路经电容滤波后提供直流电源给后级的逆变器。

2.4.1 单相不可控整流电路

图 2-20 为电容滤波的单相不可控整流电路，这种电路常用在开关电源的整流环节中，图 2-20（a）为仅用电容滤波的单相不可控整流电路，在分析时将时间坐标取在 u_2 正半周和 u_d 的交点处，见图 2-20（c）。当 $u_2 < u_d$ 时，二极管 VD_1、VD_2、VD_3、VD_4 均不导通，电容 C 放电，向负载 R_d 提供电流，u_d 下降。$\omega t = 0$ 后，$u_2 > u_d$，VD_1、VD_4 导通，交流电源向电容 C 充电，同时也向负载 R_d 供电。设 u_2 正半周过零点与 VD_1、VD_2 开始导通时刻相差的角度为 δ，则 VD_1、VD_2 导通后

$$u_2 = u_d = u_c = \sqrt{2}U_2 \sin(\omega t + \delta) = u_{c0} + \frac{1}{c}\int_0^t i_c \mathrm{d}t \qquad (2\text{-}66)$$

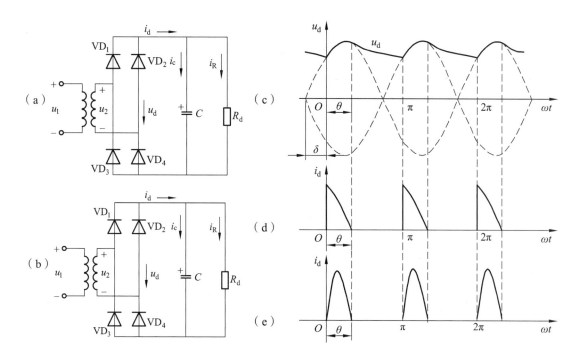

图 2-20 电容滤波的单相不可控整流电路

$\omega t = 0$ 时，$u_{20} = u_{d0} = u_{c0} = \sqrt{2}U_2 \sin\delta$，电容电流为

$$i_c = c\frac{\mathrm{d}u_c}{\mathrm{d}t} = c\frac{\mathrm{d}u_2}{\mathrm{d}t} = \sqrt{2}U_2\omega c\cos(\omega t + \delta) \qquad (2\text{-}67)$$

负载电流为

$$i_R = \frac{u_d}{R} = \frac{u_2}{R} = \frac{\sqrt{2}U_2}{R}\sin(\omega t + \delta)$$ （2-68）

整流桥输出电流

$$i_d = i_c + i_R = \sqrt{2}U_2\omega c\cos(\omega t + \delta) + \frac{\sqrt{2}U_2}{R}\sin(\omega t + \delta)$$ （2-69）

过 $\omega t = 0$ 后，u_2 继续增大，$i_c > 0$，向电容 C 充电，u_c 随 u_2 而上升，到达 u_2 峰值后，u_c 随 u_2 而下降，i_d 减小，直到 $\omega t = \theta$ 时，$i_d = 0$，VD$_1$、VD$_4$ 关断，即 θ 为 VD$_1$、VD$_4$ 的导通角。令 $i_d = 0$，可求得二极管导通角 θ 与初始相位角 δ 的关系为

$$\tan(\delta + \theta) = -\omega RC$$ （2-70）

由式（2-70）可知 $\delta + \theta$ 是位于第二象限的角，故

$$\theta = \pi - \delta - \arctan(\omega RC)$$ （2-71）

$\omega t > \theta$ 后，电容 C 向负载 R_d 供电，u_c 从 $t = \theta/\omega$ 的数值按指数规律下降，整流电路的输出直流电压可按下式计算：

$$U_d = \frac{1}{\pi}\int_0^\theta \sqrt{2}U_2\sin(\omega t + \delta)\mathrm{d}\omega t + \int_\theta^\pi \sqrt{2}U_2\sin(\theta + \delta)\mathrm{e}^{-\frac{\omega t - \theta}{\omega RC}}\mathrm{d}\omega t$$ （2-72）

（1）输出电压平均值。

根据上述计算公式推导得出：

① 空载时，$U_d = \sqrt{2}U_2$。

② 重载时，U_d 逐渐趋近于 $0.9U_2$，即趋近于接近电阻负载时的特性。

（2）二极管承受的电压为 $\sqrt{2}U_2$。

2.4.2 三相不可控整流电路

图 2-21 所示的是带电容滤波的三相桥式不控整流电路及其电压、电流波形。

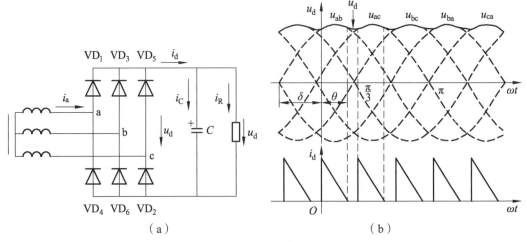

（a）　　　　　　　　　　　　（b）

图 2-21　带电容滤波的三相不可控整流电路及其电压、电流波形

1. 基本原理

（1）某一对二极管导通时，输出电压等于交流侧线电压中最大的一个，该线电压既向电容供电，也向负载供电。

（2）当没有二极管导通时，由电容向负载放电，u_d 按指数规律下降。

2. 主要数量关系

（1）输出电压平均值 U_d 在 $(2.34 \sim 2.45)U_2$ 之间变化。

（2）二极管承受的最大反向电压为线电压的峰值 $\sqrt{6}U_2$。

2.5 整流电路的功率因数与谐波问题

各种电力电子装置的应用日益广泛，由此给电力系统带来了日益严重的谐波和无功问题。电力电子装置消耗无功功率，会对电网带来不利影响：

（1）导致电流增大，视在功率增加，使电网容量不能充分利用。

（2）使设备和线路损耗增加。

（3）使线路压降增大，冲击性无功功率还会使电压剧烈波动。

谐波污染对公用电网产生公害：

（1）谐波使电力设备产生附加损耗，降低效率，大量的三次谐波流过中性线会使线路过热，甚至产生火花。

（2）使电气设备发生机械振动、噪声和过热。

（3）引起电网局部发生串、并联谐振，使谐波能量放大，可能会导致严重事故。

（4）导致自动装置误动，或测量仪表不准。

（5）对邻近通信设备产生干扰。

电网施加给负载的电压为正弦，但负载从电网获得的电流是否为正弦，则取决于负载是线性还是非线性。

（1）线性负载：如 R、L、C 等，电流为同频正弦波。

（2）非线性负载：如电力半导体设备，尤其是常用的 SCR 整流，电流变为非正弦。

（3）基波与谐波：非正弦电流展为傅里叶级数，频率仍与原非正弦周期量周期相同的分量称为基波；频率为基波频率整数倍的分量称为谐波。

$$i_2 = \frac{4}{\pi}I_\mathrm{d}\sin\omega t + \frac{4}{3\pi}I_\mathrm{d}\sin 3\omega t + \frac{4}{5\pi}I_\mathrm{d}\sin 5\omega t + \cdots = \frac{4}{\pi}I_\mathrm{d}\sum_{n=1,3,5,\cdots}\frac{1}{n}\sin n\omega t \qquad （2\text{-}73）$$

电流谐波总畸变率：

$$THD_\mathrm{i} = \frac{I_\mathrm{h}}{I_1} \times 100\% \qquad （2\text{-}74）$$

式中　I_h——总谐波电流的有效值；

　　　I_1——基波电流有效值。

通常电网中电压波形畸变很小，而电流波形畸变可能很大，故在分析中，将电压视为正弦，电流为非正弦。

有功功率为

$$P = UI_1 \cos \varphi_1 \tag{2-75}$$

其中，φ_1 为电压 U 与基波电流 I_1 之间的相位差角。

视在功率为

$$S = UI \tag{2-76}$$

功率因数为

$$\lambda = \frac{P}{S} = \frac{UI_1 \cos \varphi_1}{UI} = \frac{I_1 \cos \varphi_1}{I} = \nu \cos \varphi_1 \tag{2-77}$$

式中　ν——I_1/I 称为基波因数；

　　　$\cos \varphi_1$——位移因数。

可见功率因数由基波电流相移和电流波形的畸变程度两个因素决定。

2.5.1　单相桥式全控整流电路

忽略换相过程和电流脉动，带阻感负载，直流电感 L 足够大时，

$$
\begin{aligned}
i_2 &= \frac{4}{\pi} I_d \sin \omega t + \frac{4}{3\pi} I_d \sin 3\omega t + \frac{4}{5\pi} I_d \sin 5\omega t + \cdots \\
&= \frac{4}{\pi} I_d \sum_{n=1,3,5,\cdots} \frac{1}{n} \sin n\omega t = \sum_{n=1,3,5,\cdots} \sqrt{2} I_n \sin n\omega t
\end{aligned} \tag{2-78}
$$

变压器二次侧电流谐波分析：

（1）电流基波和各次谐波有效值为

$$I_n = \frac{2\sqrt{2}I_d}{n\pi}, \quad n = 1,3,5,\cdots \tag{2-79}$$

电流中仅含奇次谐波；各次谐波有效值与谐波次数成反比，且与基波有效值的比值为谐波次数的倒数。

（2）功率因数计算。

基波电流有效值为

$$I_1 = \frac{2\sqrt{2}}{\pi} I_d \tag{2-80}$$

i_2 的有效值 $I = I_d$，由上两式可得基波因数为

$$\nu = \frac{I_1}{I} = \frac{2\sqrt{2}}{\pi} \approx 0.9 \tag{2-81}$$

电流基波与电压的相位差就等于控制角 α ，故位移因数为

$$\lambda_1 = \cos\varphi_1 = \cos\alpha \qquad (2\text{-}82)$$

功率因数为

$$\lambda = \nu\lambda_1 = \frac{I_1}{I}\cos\varphi_1 = \frac{2\sqrt{2}}{\pi}\cos\alpha \approx 0.9\cos\alpha \qquad (2\text{-}83)$$

2.5.2 三相桥式全控整流电路

（1）阻感负载，忽略换相过程和电流脉动，直流电感 L 为足够大；

（2）以 $\alpha = 30°$ 为例，如图 2-22 所示。此时，电流为正负半周各 120° 的方波，其有效值与直流电流的关系为

$$I = \sqrt{\frac{2}{3}}I_\mathrm{d} \qquad (2\text{-}84)$$

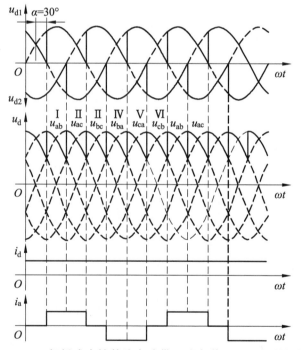

图 2-22　三相桥式全控整流电路带阻感负载 $\alpha = 30°$ 时的波形

变压器二次谐波分析如下：

电流基波和各次谐波有效值分别为

$$I_1 = \frac{\sqrt{6}}{\pi}I_\mathrm{d} \qquad (2\text{-}85)$$

$$I_n = \frac{\sqrt{6}I_\mathrm{d}}{n\pi} \quad n = 6k \pm 1 \;;\quad k = 1,2,3,\cdots \qquad (2\text{-}86)$$

电流中仅含 $6k \pm 1$（k 为正整数）次谐波；

各次谐波有效值与谐波次数成反比，且与基波有效值的比值为谐波次数的倒数。

功率因数计算如下：

基波因数：

$$\nu = \frac{I_1}{I} = \frac{3}{\pi} \approx 0.955 \tag{2-87}$$

位移因数仍为

$$\lambda_1 = \cos \varphi_1 = \cos \alpha \tag{2-88}$$

功率因数为

$$\lambda = \nu \lambda_1 \approx 0.955 \cos \alpha \tag{2-89}$$

交流电路功率因数低的原因：

（1）波形畸变，电流波形中的高次谐波电流都是无功电流。

（2）位移因数使电压与基波电流的相位差变大，在负载电流一定时，交流输入的视在功率近似不变，而输出有功功率随整流电压的降低而减小。

提高变流电路功率因数的方法：

（1）小控制角运行。

（2）采用两组变流器串联供电。

（3）增加整流相数。

（4）设置补偿电容。

2.6 项目二 小功率整流电路

2.6.1 小功率整流电路介绍

整流变换是将交流变换为直流，在计算机电源、手机或其他电子产品充电器中应用较为广泛。整流电路输出为市电 220 VAC，输出形式较多，比如 48 V、24 V、15 V、12 V、5 V 等。

这种电路一般分为两部分：第一部分，实现交流到直流的变换，采用桥式不可控整流的形式实现，将市电 220 VAC 变换为 311 V 左右的直流电，并加以一定的滤波处理；第二部分，将 311 V 左右的直流电经过 DC-DC 变换电路，转换为目标电压，比如 48 V、24 V、15 V、12 V、5 V 等。

其中第二部分的 DC-DC 变换形式较多，一般来讲，为实现交流侧与目标输出之间安全隔离，大多采用隔离变换式的拓扑。小功率场合，一般采用反激式（Fly-back）变换器实现目标输出，实现功率一般从几瓦到 200 W。

图 2-23 中，当 MOSFET 管开通时，原边电压通过导通的 MOSFET 管施加在变压器原边，为原边励磁电感储能；当 MOSFET 管关断后，副边绕组上电压反向，D 导通，为负载提供能量，D 为副边整流二极管。电容 C_{out} 可对输出进行必要的滤波。

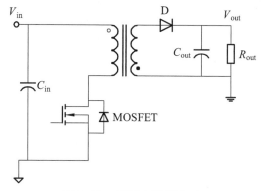

图 2-23　反激变换器电路

本项目具体实现技术指标：

输入：220 VAC/50 Hz（90 V～265 V）

输出电压：5 V

输出电流平均值：2 A

输出电流峰值：3 A

输出电压精度：5×(1±5%) V

输出电压纹波：50 mV

工作最高环境温度：60 ℃

2.6.2　整流电路板设计

小功率整流电源从原理图、PCB、器件选型到最终焊接调试要经历以下必要步骤。

1. 整流电源电路原理图设计

在深入分析该整流电路实现目标参数基础上，详尽计算变压器匝比等相关参数、所需 MOSFET 管规格、输入输出滤波电容规格。按照分析、计算结果，进行电路原理图设计，所需元器件选型、设计，完成原理图设计是关键的一步，是为下一步工作做好充分准备。已完成的原理图如图 2-24 所示。

2. PCB 印制电路板设计

该整流电源项目的 PCB 设计，重点在于布局布线时考虑原副的边隔离的安全规范问题。按照电路原理逐步进行布局，注意原边器件与副边器件安全距离，保证必须的电气隔离属性。原副边的隔离区域应清晰，防止原副边器件交叉，引发电路工作时非安全事故。

3. PCB 电路板生产制造

将上一步获得的 PCB 生产文件，送交 PCB 印制板制造厂家进行打样制作。PCB 制造厂家拿到 PCB 生产文件后，启动自动化的生产设备，进行 PCB 中铜箔、绝缘层等必需品的准备工作。根据 PCB 走线、过孔位置、过孔大小等细节进行铜箔生产，最后将各层 PCB 与绝缘层按设计胶合在一起，并在表层进行必要的处理，完成 PCB 制造。

4. 器件采购、定制

在完成 PCB 设计后，即可采购标准器件。对于变压器这样的定制件，需要按照电路工作需要，与器件生产厂家进行必要的沟通，充分描述清楚需求细节，安排打样生产。所需器件如表 2-1 所示。

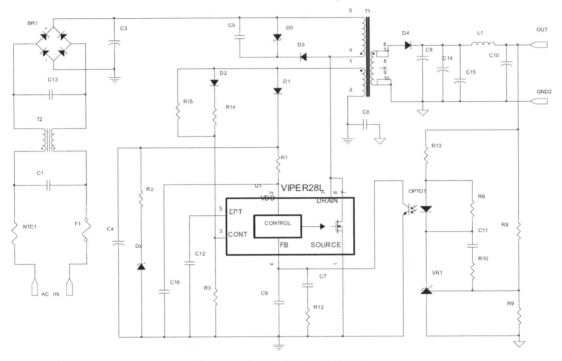

图 2-24　小功率整流电路原理图

表 2-1　小功率整流电路器件清单

序号	型号	规格	厂家	位号
1	DF06M	600V1A diodes bridge	VISHAY	BR_1
2		100nF X2 capacitor	EVOX RIFA	C_1, C_{13}
3		47 μF450 V electrolytic capacitor	PANASONIC	C_3
4		22 μF35 V electrolytic capacitor	PANASONIC	C_4
5		Not mounted		C_5, C_9
6		3.3 nF 25 V ceramic capacitor	EPCOS	C_6
7		33 nF 50 V ceramic capacitor EPCOS	EPCOS	C_7
8		2.2 nF Y1 capacitor	CERAMITE	C_8
9	MCZ series	1000 μF 10 V ultra-low ESR electrolytic capacitor	RUBYCON	C_{14}, C_{15}
10		100 μF 10 V electrolytic capacitor	PANASONIC	C_{10}
11		4.7 nF 100 V ceramic capacitor	EPCOS	C_{11}

序号	型号	规格	厂家	位号
12		2.2 μF 50 V electrolytic capacitor	PANASONIC	C_{12}
13		2.2 nF 100 V ceramic capacitor	AVX	C_{16}
14	BAT46	Diode	STMicroelectronics	D_1
15	1N4148	Small-signal，high-speed diode	NXP	D_2
16	STTH1L06	Ultra-fast，high-voltage diode	STMicroelectronics	D3
17	STPS5L40	5 A - 40 V power Schottky rectifier	STMicroelectronics	D4
18	1.5KE300	Transil	STMicroelectronics	D5
19	BZX79-C18	18 V Zener diode	NXP	Dz
20	TR5	Fuse 250 V 500 mA	SCHURTER	F1
21	RFB0807-2R2L	2.2 μH	COILCRAFT	$L1$
22		2.2 Ω thermistor	EPCOS	NTC1
23	PC817D	Opto coupler	SHARP	OPTO1
24		4.7 Ω 1/4 W axial resistor		R_1
25		68 kΩ 1/4 W axial resistor		R_3
26		15 kΩ 1/4 W axial resistor		R_6
27		82 kΩ 1/4 W axial resistor 1% tolerance		R_8
28		27 kΩ 1/4 W axial resistor 1% tolerance		R_9
29		560 kΩ 1/4 W axial resistor		R_{10}
30		10 kΩ 1/4 W axial resistor		R_{12}
31		3.3 kΩ 1/4 W axial resistor		R_{13}
32		330 kΩ 1/4 W axial resistor		R_{14}
33		2 MΩ 1/4 W axial resistor		R_{15}
34		68 Ω 1/4 W axial resistor		Rz
35	BU16-4530R5BL	Common mode choke	COILCRAFT	T_2
36	TS431	Voltage reference	STMicroelectronics	VR_1
37	VIPER28LN	Offline high voltage controller	STMicroelectronics	U_1
38	1338.0019	Switch mode power transformer	MAGNETICA	T_1

2.6.3　整流电路焊接与调试

生产出的 PCB 及采购的元器件均到位后，启动焊接工作。焊接时，按照原理图逐个将所需器件及 PCB 中对应的位置进行焊接。

小功率整流电路 PCB 焊接好后，即可进行调试工作。按照小功率整流电源的工作原理图，调试可逐步按照以下步骤进行。

1. 控制电路的调试

按照原理图，首先对控制器 VIPER28 及周边电路进行调试。给 VIPER28 的供电脚加上所需的电源，测试控制器管脚电平情况，排查异常现象。

2. AC-DC 桥式整流电路的调试

对焊接好的电路板进行外观仔细检查，排除焊接错误，比如二极管焊反、器件虚焊、漏焊、错焊等问题。排查异常后，接入交流电源，逐次上电，可将交流电源输入调低些，防止电路板故障引发意外损坏。比如先给交流输入 10 VAC，测试整流后输出电压是否为 14 V 左右（交流有效值乘以 $\sqrt{2}$）。并通过示波器观察输出波形。如果电压较低，波形异常，说明电路有故障，逐一排查故障直到与理论值相当。

3. 整流电路整体调试

在确保以上两步电路工作正常的前提下，即可进行整体调试。在电路输入端加入 220 VAC，通过示波器观察 VIPER28 的 V_{DD} 管脚电压，查看该电压是否能满足其正常工作的数值。同时，用示波器观察输出端 5 V 是否正常，如果不正常，按照电路原理，要逐一向前端排查。用示波器观察桥式整流输出电压情况，变压器绕组电压情况，MOSFET 的 DS 间电压情况，VIPER28 的 V_{DD} 电压情况。逐一排除所有故障，直到 5 V 输出正常。

4. 电路功能、性能测试

在电路输出正常的情况下，即可将输出与电子负载连接，设置电子负载，从 0.5 A、1 A、1.5 A、2 A 逐步增加负载，观察输出是否正常。同时，还要观察电路其他器件是否正常，是否存在过热损坏等。

根据预期的设计技术目标参数，逐一验证电路是否能够达到，比如，要用万用表精确测量输出电压精度是否在设计范围内；输出电压纹波是否满足技术要求等。

2.6.4 项目总结

经过以上调试后，对小功率整流电源基本工作原理有所掌握。按照项目调试步骤，逐一排查异常问题，获得最终目标输出。深刻理解小功率整流电源的工作原理基础上，对一下问题深入思考。

（1）在交流输入端口加入交流电 220 VAC 后，经过桥式不控整流及一定的滤波处理，获得与交流电压峰值一致的直流电压，即 $\sqrt{2} \times 220 \text{ V} \approx 311 \text{ V}$。该测试结果要与桥式整流电路的理论计算结果联系起来，并从该项目中得到实验印证。

（2）该项目中 DC-DC 变换为反激式（Fly-back）变换器，其控制方式为脉宽调制 PWM 式的控制方式，在实验中思考脉宽调制 PWM 的概念与相关理论。

（3）DC-DC 变换为隔离式变换器，即交流输入侧与直流输出在电气上无任何连接，整个功率的传输通过变压器的磁场进行。变压器原边与副边满足一定的安全规范，原边的强电不会对副边的弱电有任何影响。

（4）5 V 直流输出电压的精度可通过控制系统的相关参数进行调整，纹波与输出侧电容的大小及反馈回路的参数有关，如果不满足可进行必要调整。

2.7　项目三　调光灯

2.7.1　调光灯电路介绍

调光灯在日常生活中的应用非常广泛，其种类也很多。图 2-25（a）是常见的调光台灯，旋动调光旋钮便可以调节灯泡的亮度。图 2-25（b）为电路原理图。

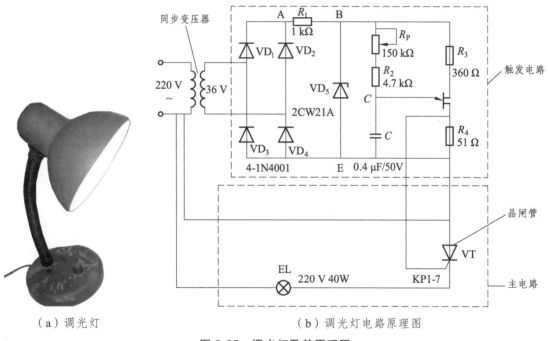

（a）调光灯　　　　　　　　　　（b）调光灯电路原理图

图 2-25　调光灯及其原理图

如图 2-25 所示，调光灯电路由主电路和触发电路两部分构成，通过对主电路及触发电路的分析使学生能够理解电路的工作原理，进而掌握分析电路的方法。下面具体分析与该电路有关的知识：晶闸管、单相半波可控整流电路、单结晶体管触发电路等内容。

2.7.2　调光灯调试

为了说明晶闸管的工作原理，先做一个实验，实验电路如图所示。阳极电源 E_a 连接负载（白炽灯）接到晶闸管的阳极 A 与阴极 K，组成晶闸管的主电路。流过晶闸管阳极的电流称阳极电流 I_a，晶闸管阳极和阴极两端电压，称阳极电压 U_a。门极电源 E_g 连接晶闸管的门极 G

与阴极 K，组成控制电路亦称触发电路。流过门极的电流称门极电流 I_g，门极与阴极之间的电压称门极电压 U_g。用灯泡来观察晶闸管的通断情况。该实验分九个步骤进行，如图 2-26 所示。

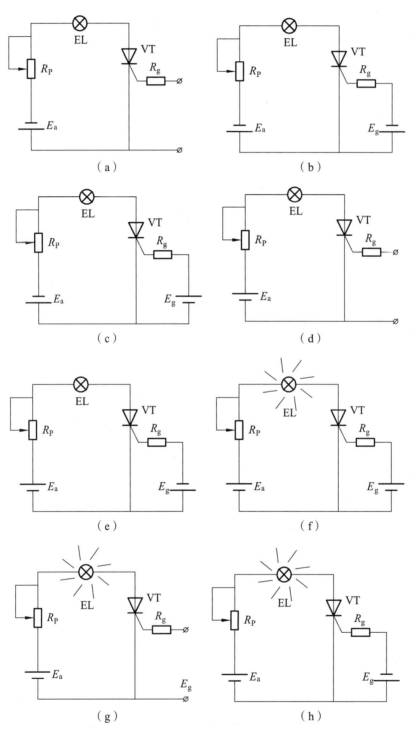

（a）　　　　　　　　　　（b）

（c）　　　　　　　　　　（d）

（e）　　　　　　　　　　（f）

（g）　　　　　　　　　　（h）

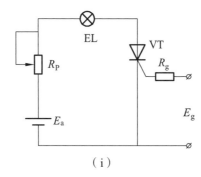

（i）

图 2-26　晶闸管导通关断条件实验电路

第一步：按图 2-26（a）接线，阳极和阴极之间加反向电压，门极和阴极之间不加电压，指示灯不亮，晶闸管不导通。

第二步：按图 2-26（b）接线，阳极和阴极之间加反向电压，门极和阴极之间加反向电压，指示灯不亮，晶闸管不导通。

第三步：按图 2-26（c）接线，阳极和阴极之间加反向电压，门极和阴极之间加正向电压，指示灯不亮，晶闸管不导通。

第四步：按图 2-26（d）接线，阳极和阴极之间加正向电压，门极和阴极之间不加电压，指示灯不亮，晶闸管不导通。

第五步：按图 2-26（e）接线，阳极和阴极之间加正向电压，门极和阴极之间加反向电压，指示灯不亮，晶闸管不导通。

第六步：按图 2-26（f）接线，阳极和阴极之间加正向电压，门极和阴极之间也加正向电压，指示灯亮，晶闸管导通。

第七步：按图 2-26（g）接线，去掉触发电压，指示灯亮，晶闸管仍导通。

第八步：按图 2-26（h）接线，门极和阴极之间加反向电压，指示灯亮，晶闸管仍导通。

第九步：按图 2-26（i）接线，去掉触发电压，将电位器阻值加大，晶闸管阳极电流减小，当电流减小到一定值时，指示灯熄灭，晶闸管关断。

实验现象与结论列于表 2-2。

表 2-2　晶闸管导通和关断实验

实验顺序		实验前灯的情况	实验时晶闸管条件		实验后灯的情况	结　论
			阳极电压 U_a	门极电压 U_g		
导通实验	1	暗	反向	反向	暗	晶闸管在反向阳极电压作用下，不论门极为何电压，它都处于关断状态
	2	暗	反向	零	暗	
	3	暗	反向	正向	暗	
	1	暗	正向	反向	暗	晶闸管同时在正向阳极电压与正向门极电压作用下，才能导通
	2	暗	正向	零	暗	
	3	暗	正向	正向	亮	

实验顺序		实验前灯的情况	实验时晶闸管条件		实验后灯的情况	结　　论
			阳极电压 U_a	门极电压 U_g		
关断实验	1	亮	正向	正向	亮	已导通的晶闸管在正向阳极作用下，门极失去控制作用
	2	亮	正向	零	亮	
	3	亮	正向	反向	亮	
	4	亮	正向（逐渐减小到接近于零）	任意	暗	晶闸管在导通状态时，当阳极电压减小到接近于零时，晶闸管关断

实验说明：

（1）当晶闸管承受反向阳极电压时，无论门极是否有正向触发电压或者承受反向电压，晶闸管不导通，只有很小的的反向漏电流，这种状态称为反向阻断状态。说明晶闸管像整流二极管一样，具有单向导电性。

（2）当晶闸管承受正向阳极电压时，门极加上反向电压或者不加电压，晶闸管不导通，这种状态称为正向阻断状态。这是二极管所不具备的。

（3）当晶闸管承受正向阳极电压时，门极加上正向触发电压，晶闸管导通，这种状态称为正向导通状态。这就是晶闸管闸流特性，即可控特性。

（4）晶闸管一旦导通后维持阳极电压不变，将触发电压撤除管子依然处于导通状态。即门极对管子不再具有控制作用。

2.7.3　项目总结

通过本项目的训练，应掌握调光灯电路的开关元件晶闸管的基本特性，包括：
（1）晶闸管导通条件：阳极加正向电压，门极加适当正向电压。
（2）关断条件：流过晶闸管的电流小于维持电流。

习题与思考题

（1）在可控整流电路中，若负载是纯电阻，试问电阻上的电压平均值与电流平均值的乘积是否就等于负载消耗的功率？为什么？

（2）画出单相半波可控整流电路，当 $\alpha = 60°$ 时，如下五种情况的 u_d、i_T 及 u_T 的波形。

① 电阻性负载。
② 电感性负载不接续流二极管。
③ 电感性负载接续流二极管。
④ 反电动势负载不串入平波电抗器。
⑤ 反电动势负载串入平波电抗器并接续流二极管。

（3）单相全控桥整流电路，大电感负载。已知：$U = 220\,\text{V}$，$R = 4\,\Omega$。试求：当 $\alpha = 60°$ 时，分别计算负载两端并接续流二极管前后的 U_d、I_{dT}、I_{dD} 及 I_T、I_D 的值；画出 u_d、i_T、u_T 的波形；选择晶闸管的型号。

（4）单相半控桥电路，对直流电动机电枢供电，串入了大电感量的平波电抗器 L_d，电枢电阻为 $0.2\,\Omega$，单相交流电压 $220\,\text{V}$ 输入。试画出当 $\alpha = 90°$ 时的 u_d、i_T、u_T 的波形；并求负载电流为 $50\,\text{A}$ 时的 I_{dT}、I_{dD}、I_T、I_D 与电动机反电动势 E 各为多少？

（5）两个晶闸管串联的单相半控桥整流电路如图 2-27 所示，负载为大电感，内阻为 $5\,\Omega$，电源电压 $u_2 = 100\sqrt{2}\sin\omega t$，试画出 u_d、i_T 和 i_D 的波形，比较说明与共阴极接法的单相半控桥电路的异同。

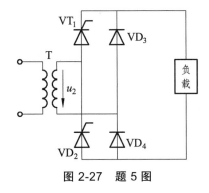

图 2-27 题 5 图

（6）对三相半波可控整流电路大电感负载，电感内阻为 $10\,\Omega$，不接续流二极管，负载电压要求 $U_d = 220\,\text{V}$，画出当 $\alpha = 45°$ 时，u_d、i_T 和 u_T 的波形。

（7）对三相全控桥整流电路大电感负载，已知 $U_2 = 100\,\text{V}$，电感内阻为 $10\,\Omega$。求 $\alpha = 45°$ 时 U_d、I_{dT}、I_d 和 I_T 值，并画出 u_d、i_{T1}、u_{T1} 电压和电流的波形。

（8）什么叫有源逆变？有源逆变的工作原理是什么？

（9）说明实现有源逆变的条件，为什么半控桥和负载侧并有续流管的电路不能实现有源逆变？

（10）造成逆变失败的原因有哪些？为什么要对最小逆变角加以限制？

实　验

实验一　单相半波可控整流电路实验

1. 实验目的

（1）掌握单结晶体管触发电路的调试步骤和方法。

（2）掌握单相半波可控整流电路在电阻负载及电阻电感性负载时的工作。

（3）了解续流二极管的作用。

2. 实验方法

（1）单结晶体管触发电路的调试

将DJK01电源控制屏的电源选择开关打到"直流调速"侧，使输出线电压为200 V，用两根导线将200 V交流电压接到DJK03-1的"外接220 V"端，按下"启动"按钮，打开DJK03-1电源开关，用双踪示波器观察单结晶体管触发电路中整流输出的梯形波电压、锯齿波电压及单结晶体管触发电路输出电压等波形。调节移相电位器R_{P1}，观察锯齿波的周期变化及输出脉冲波形的移相范围能否在30°~170°范围内移动。

（2）相半波可控整流电路接电阻性负载

触发电路调试正常后，将电阻器调在最大阻值位置，按下"启动"按钮，用示波器观察负载电压u_d、晶闸管VT两端电压u_{VT}的波形，调节电位器R_{P1}，观察α分别为30°、60°、90°、120°、150°时u_d、u_{VT}的波形，并测量直流输出电压U_d和电源电压U_2。

3. 实验报告

（1）画出$\alpha = 90°$时，电阻性负载和电阻电感性负载的u_d、u_{VT}波形。
（2）画出电阻性负载时$u_d / u_2 = f(\alpha)$的实验曲线，并与计算值u_d的对应曲线相比较。
（3）分析实验中出现的现象，写出体会。

实验二　单相桥式半控整流电路实验

1. 实验目的

（1）加深对单相桥式半控整流电路带电阻性、电阻电感性负载时各工作情况的理解。
（2）了解续流二极管在单相桥式半控整流电路中的作用，学会对实验中出现的问题加以分析和解决。

2. 实验方法

（1）将DJK01电源控制屏的电源选择开关打到"直流调速"侧使输出线电压为200 V，用两根导线将200 V交流电压接到DJK03-1的"外接220 V"端，按下"启动"按钮，打开DJK03-1电源开关，用双踪示波器观察"锯齿波同步触发电路"各观察孔的波形。

（2）锯齿波同步移相触发电路调试：其调试方法与实验三相同。令$U_{ct} = 0$时（R_{P2}电位器顺时针转到底）$\alpha = 170°$。

（3）单相桥式半控整流电路带电阻性负载：

主电路接可调电阻R，将电阻器调到最大阻值位置，按下"启动"按钮，用示波器观察负载电压u_d、晶闸管两端电压u_{VT}和整流二极管两端电压u_{VD1}的波形，调节锯齿波同步移相触发电路上的移相控制电位器R_{P2}，观察并记录在不同α角时u_d、u_{VT}、u_{VD1}的波形，测量相应电源电压U_2和负载电压U_d的数值。

（4）单相桥式半控整流电路带电阻电感性负载：
① 断开主电路后，将负载换成将平波电抗器L_d(700 Mh)与电阻R串联。
② 不接续流二极管VD₃，接通主电路，用示波器观察不同控制角α时u_d、u_{VT}、u_{VD1}、

i_d 的波形，并测定相应的 U_2、U_d 数值。

③ 在 $\alpha = 60°$ 时，移去触发脉冲（将锯齿波同步触发电路上的"G3"或"K3"拔掉），观察并记录移去脉冲前、后 u_d、u_{VT1}、u_{VT3}、u_{VD1}、u_{VD2}、i_d 的波形。

④ 接上续流二极管 VD_3，接通主电路，观察不同控制角 α 时 u_d、u_{VD3}、i_d 的波形，并测定相应的 U_2、U_d 数值

⑤ 在接有续流二极管 VD_3 及 $\alpha = 60°$ 时，移去触发脉冲（将锯齿波同步触发电路上的"G3"或"K3"拔掉），观察并记录移去脉冲前、后 u_d、u_{VT1}、u_{VT3}、u_{VD2}、u_{VD1} 和 i_d 的波形。

3. 实验报告

（1）画出①电阻性负载，②电阻电感性负载时 $u_d / u_2 = f(\alpha)$ 的曲线。

（2）画出①电阻性负载，②电阻电感性负载，α 角分别为 30°、60°、90° 时的 u_d、u_{VT} 的波形。

（3）说明续流二极管对消除失控现象的作用。

实验三　单相桥式全控整流及有源逆变电路实验

1. 实验目的

（1）加深理解单相桥式全控整流及逆变电路的工作原理。
（2）研究单相桥式变流电路整流的全过程。
（3）研究单相桥式变流电路逆变的全过程，掌握实现有源逆变的条件。
（4）掌握产生逆变颠覆的原因及预防方法。

2. 实验方法

1）触发电路的调试

将 DJK01 电源控制屏的电源选择开关打到"直流调速"侧使输出线电压为 200 V，用两根导线将 200 V 交流电压接到 DJK03-1 的"外接 220 V"端，按下"启动"按钮，打开 DJK03-1 电源开关，用示波器观察锯齿波同步触发电路各观察孔的电压波形。

将控制电压 U_{ct} 调至零（将电位器 R_{P2} 顺时针旋到底），观察同步电压信号和"6"点 u_6 的波形，调节偏移电压 U_b（即调 R_{P3} 电位器），使 $\alpha = 180°$。

将锯齿波触发电路的输出脉冲端分别接至全控桥中相应晶闸管的门极和阴极，注意不要把相序接反了，否则无法进行整流和逆变。将 DJK02 上的正桥和反桥触发脉冲开关都打到"断"的位置，并使 U_{lf} 和 U_{lr} 悬空，确保晶闸管不被误触发。

2）单相桥式全控整流

将电阻器放在最大阻值处，按下"启动"按钮，保持 U_b 偏移电压不变（即 R_{P3} 固定），逐渐增加 U_{ct}（调节 R_{P2}），在 α 分别为 0°、30°、60°、90°、120° 时，用示波器观察、记录整流电压 u_d 和晶闸管两端电压 u_{vt} 的波形，并记录电源电压 U_2 和负载电压 U_d 的数值。

3）单相桥式有源逆变电路实验

将电阻器放在最大阻值处，按下"启动"按钮，保持 U_b 偏移电压不变（即 R_{P3} 固定），逐渐增加 U_{ct}（调节 R_{P2}），在 β 分别为 30°、60°、90°时，观察、记录逆变电流 i_d 和晶闸管两端电压 u_{vt} 的波形，并记录负载电压 U_d 的数值于下表中。

4）逆变颠覆现象的观察

调节 U_{ct}，使 $\alpha = 150°$，观察 u_d 波形。突然关断触发脉冲（可将触发信号拆去），用双踪慢扫描示波器观察逆变颠覆现象，记录逆变颠覆时的 u_d 波形。

3. 实验报告

（1）画出 α 分别为 30°、60°、90°、120°、150°时 u_d 和 u_{VT} 的波形。
（2）画出电路的移相特性 $u_d = f(\alpha)$ 曲线。
（3）分析逆变颠覆的原因及逆变颠覆后会产生的后果。

实验四　三相半波可控整流电路实验

1. 实验目的

了解三相半波可控整流电路的工作原理，研究可控整流电路在电阻负载和电阻电感性负载时的工作情况。

2. 实验方法

1）DJK02 和 DJK02-1 上的"触发电路"调试

（1）打开 DJK01 总电源开关，操作"电源控制屏"上的"三相电网电压指示"开关，观察输入的三相电网电压是否平衡。

（2）将 DJK01"电源控制屏"上"调速电源选择开关"拨至"直流调速"侧。

（3）用 10 芯的扁平电缆将 DJK02 的"三相同步信号输出"端和 DJK02-1"三相同步信号输入"端相连，打开 DJK02-1 电源开关，拨动"触发脉冲指示"旋钮开关，使"窄"的发光管亮。

（4）观察 A、B、C 三相的锯齿波，并调节 A、B、C 三相锯齿波斜率调节电位器（在各观测孔左侧），使三相锯齿波斜率尽可能一致。

（5）将 DJK06 上的"给定"输出 U_g 直接与 DJK02-1 上的移相控制电压 U_{ct} 相接，将给定开关 S2 拨到接地位置（即 $U_{ct} = 0$），调节 DJK02-1 上的偏移电压电位器，用双踪示波器观察 A 相同步电压信号和"双脉冲观察孔"VT_1 的输出波形，使 $\alpha = 150°$（注意此处的 α 表示三相晶闸管电路中的移相角，它的 0° 是从自然换流点开始计算，前面实验中的单相晶闸管电路的 0° 移相角表示从同步信号过零点开始计算，两者存在相位差，前者比后者滞后 30°）。

（6）适当增加给定 U_g 的正电压输出，观测 DJK02-1 上"脉冲观察孔"的波形，此时应观测到单窄脉冲和双窄脉冲。

（7）用 8 芯的扁平电缆将 DJK02-1 面板上"触发脉冲输出"和"触发脉冲输入"相连，使得触发脉冲加到正反桥功放的输入端。

（8）将 DJK02-1 面板上的 U_{1f} 端接地，用 20 芯的扁平电缆将 DJK02-1 的"正桥触发脉冲输出"端和 DJK02"正桥触发脉冲输入"端相连，并将 DJK02"正桥触发脉冲"的 6 个开关拨至"通"，观察正桥 $VT_1 \sim VT_6$ 晶闸管门极和阴极之间的触发脉冲是否正常。

2）三相半波可控整流电路带电阻性负载

将电阻器放在最大阻值处，按下"启动"按钮，DJK06 上的"给定"从零开始，慢慢增加移相电压，使 α 能从 30° 到 180° 范围内调节，用示波器观察并纪录三相电路中 α 分别为 30°、60°、90°、120°、150° 时整流输出电压 u_d 和晶闸管两端电压 u_{VT} 的波形，并纪录相应的电源电压 U_2 及 U_d 的数值。

3）三相半波整流带电阻电感性负载

将 DJK02 上 700 mH 的电抗器与负载电阻 R 串联后接入主电路，观察不同移相角 α 时 u_d、i_d 的输出波形，并记录相应的电源电压 U_2 及 U_d、I_d 值，画出 $\alpha = 90°$ 时的 u_d 及 i_d 波形图。

3. 实验报告

绘出当 $\alpha = 90°$ 时，整流电路供电给电阻性负载、电阻电感性负载时的 u_d 及 i_d 的波形，并进行分析讨论。

实验五　三相半波有源逆变电路实验

1. 实验目的

研究三相半波有源逆变电路的工作，验证可控整流电路在有源逆变时的工作条件，并比较与整流工作时的区别。

2. 实验方法

1）DJK02 和 DJK02-1 上的"触发电路"调试

（1）打开 DJK01 总电源开关，操作"电源控制屏"上的"三相电网电压指示"开关，观察输入的三相电网电压是否平衡。

（2）将 DJK01"电源控制屏"上"调速电源选择开关"拨至"直流调速"侧。

（3）用 10 芯的扁平电缆将 DJK02 的"三相同步信号输出"端和 DJK02-1"三相同步信号输入"端相连，打开 DJK02-1 电源开关，拨动"触发脉冲指示"旋钮开关，使"窄"的发光管亮。

（4）观察 A、B、C 三相的锯齿波，并调节 A、B、C 三相锯齿波斜率调节电位器（在各观测孔左侧），使三相锯齿波斜率尽可能一致。

（5）将 DJK06 上的"给定"输出 U_g 直接与 DJK02-1 上的移相控制电压 U_{ct} 相接，将给定开关 S2 拨到接地位置（即 $U_{ct} = 0$），调节 DJK02-1 上的偏移电压电位器，用双踪示波器观察 A 相同步电压信号"双脉冲观察孔"VT_1 的输出波形，使 $\alpha = 120°$（注意此处的 α 表示三相晶闸管电路中的移相角，它的 0° 是从自然换流点开始计算，前面实验中的单相晶闸管电路的 0° 移相角表示从同步信号过零点开始计算，两者存在相位差，前者比后者滞后 30°）。

（6）适当增加给定 U_g 的正电压输出，观测 DJK02-1 上"脉冲观察孔"的波形，此时应观测到单窄脉冲和双窄脉冲。

（7）用 8 芯的扁平电缆将 DJK02-1 面板上"触发脉冲输出"和"触发脉冲输入"相连，使得触发脉冲加到正反桥功放的输入端。

（8）将 DJK02-1 面板上的 U_{lf} 端接地，用 20 芯的扁平电缆，将 DJK02-1 的"正桥触发脉冲输出"端和 DJK02"正桥触发脉冲输入"端相连，并将 DJK02"正桥触发脉冲"的 6 个开关拨至"通"，观察正桥 $VT_1 \sim VT_6$ 晶闸管门极和阴极之间的触发脉冲是否正常。

2）三相半波整流及有源逆变电路

（1）将负载电阻放在最大阻值处，使输出给定调到零。

（2）按下"启动"按钮，此时三相半波处于逆变状态，$\alpha = 150°$，用示波器观察电路输出电压 u_d 波形，缓慢调节给定电位器，升高输出给定电压。观察电压表的指示，其值由负的电压值向零靠近，当到零电压的时候，也就是 $\alpha = 90°$，继续升高给定电压，输出电压由零向正的电压升高，进入整流区。在这过程中记录 α 分别为 30°、60°、90°、120°、150° 时的电压值以及波形。

3. 实验报告

（1）画出实验所得的各特性曲线与波形图。

（2）对可控整流电路在整流状态与逆变状态的工作特点作比较。

实验六　三相桥式半控整流电路实验

1. 实验目的

（1）了解三相桥式半控整流电路的工作原理及输出电压，电流波形。

（2）了解晶闸管在带电阻性及电阻电感性负载，在不同控制角 α 下的工作情况。

2. 实验方法

1）DJK02 和 DJK02-1 上的"触发电路"调试

（1）打开 DJK01 总电源开关，操作"电源控制屏"上的"三相电网电压指示"开关，观察输入的三相电网电压是否平衡。

（2）将 DJK01"电源控制屏"上"调速电源选择开关"拨至"直流调速"侧。

（3）用 10 芯的扁平电缆将 DJK02 的"三相同步信号输出"端和 DJK02-1"三相同步信号输入"端相连，打开 DJK02-1 电源开关，拨动"触发脉冲指示"旋钮开关，使"窄"的发光管亮。

（4）观察 A、B、C 三相的锯齿波，并调节 A、B、C 三相锯齿波斜率调节电位器（在各观测孔左侧），使三相锯齿波斜率尽可能一致。

（5）将 DJK06 上的"给定"输出 U_g 直接与 DJK02-1 上的移相控制电压 U_{ct} 相接，将给定开关 S2 拨到接地位置（即 $U_{ct}=0$），调节 DJK02-1 上的偏移电压电位器，用双踪示波器观察 A 相同步电压信号和"双脉冲观察孔"VT_1 的输出波形，使 $\alpha=120°$（注意此处的 α 表示三相晶闸管电路中的移相角，它的 0° 是从自然换流点开始计算，前面实验中的单相晶闸管电路的 0° 移相角表示从同步信号过零点开始计算，两者存在相位差，前者比后者滞后30°）。

（6）适当增加给定 U_g 的正电压输出，观测 DJK02-1 上"脉冲观察孔"的波形，此时应观测到单窄脉冲和双窄脉冲。

（7）用 8 芯的扁平电缆将 DJK02-1 面板上"触发脉冲输出"和"触发脉冲输入"相连，使得触发脉冲加到正反桥功放的输入端。

（8）将 DJK02-1 面板上的 U_{1f} 端接地，用 20 芯的扁平电缆将 DJK02-1 的"正桥触发脉冲输出"端和 DJK02"正桥触发脉冲输入"端相连，并将 DJK02"正桥触发脉冲"的 6 个开关拨至"通"，观察正桥 $VT_1\sim VT_6$ 晶闸管门极和阴极之间的触发脉冲是否正常。

2）三相半控桥式整流电路供电给电阻负载时的特性测试

将给定输出调到零，负载电阻放在最大阻值位置，按下"启动"按钮，缓慢调节给定，观察 α 分别为 30°、60°、90°、120° 等不同移相时，整流电路的输出电压 U_d，输出电流 I_d 以及晶闸管端电压 u_{VT} 的波形，并加以记录。

3）三相半控桥式整流电路带电阻电感性负载。

将电抗 700 mH 的 L_d 接入重复 1）步骤。

4）带反电势负载（选做）

要完成此实验还应加一只直流电动机。断开主电路，将负载改为直流电动机，不接平波电抗器 L_d，调节 DJK06 上的"给定"输出 U_g 使输出由零逐渐上升，直到电机电压额定值，用示波器观察并记录不同 α 时输出电压 U_g 和电动机电枢两端电压 U_a 的波形。

5）接上平波电抗器，重复上述实验。（选做）

3. 实验报告

（1）绘出实验的整流电路供电给电阻负载时的 $u_d=f(t)$，$i_d=f(t)$ 以及晶闸管端电压 $u_{VT}=f(t)$ 的波形。

（2）绘出整流电路在 $\alpha=60°$ 与 $\alpha=90°$ 时带电阻电感性负载时的波形。

实验七　三相桥式全控整流及有源逆变电路实验

1. 实验目的

（1）加深理解三相桥式全控整流及有源逆变电路的工作原理。

（2）了解 KC 系列集成触发器的调整方法和各点的波形。

2. 实验方法

1）DJK02 和 DJK02-1 上的"触发电路"调试

（1）打开 DJK01 总电源开关，操作"电源控制屏"上的"三相电网电压指示"开关，观察输入的三相电网电压是否平衡。

（2）将 DJK01"电源控制屏"上"调速电源选择开关"拨至"直流调速"侧。

（3）用 10 芯的扁平电缆将 DJK02 的"三相同步信号输出"端和 DJK02-1"三相同步信号输入"端相连，打开 DJK02-1 电源开关，拨动 "触发脉冲指示"旋钮开关，使"窄"的发光管亮。

（4）观察 A、B、C 三相的锯齿波，并调节 A、B、C 三相锯齿波斜率调节电位器（在各观测孔左侧），使三相锯齿波斜率尽可能一致。

（5）将 DJK06 上的"给定"输出 U_g 直接与 DJK02-1 上的移相控制电压 U_{ct} 相接，将给定开关 S2 拨到接地位置（即 $U_{ct}=0$ V），调节 DJK02-1 上的偏移电压电位器，用双踪示波器观察 A 相同步电压信号和"双脉冲观察孔"VT$_1$ 的输出波形，使 $\alpha=150°$（注意此处的 α 表示三相晶闸管电路中的移相角，它的 0° 是从自然换流点开始计算，前面实验中的单相晶闸管电路的 0° 移相角表示从同步信号过零点开始计算，两者存在相位差，前者比后者滞后 30°）。

（6）适当增加给定 U_g 的正电压输出，观测 DJK02-1 上"脉冲观察孔"的波形，此时应观测到单窄脉冲和双窄脉冲。

（7）用 8 芯的扁平电缆，将 DJK02-1 面板上"触发脉冲输出"和"触发脉冲输入"相连，使得触发脉冲加到正反桥功放的输入端。

（8）将 DJK02-1 面板上的 U_{1f} 端接地，用 20 芯的扁平电缆将 DJK02-1 的"正桥触发脉冲输出"端和 DJK02"正桥触发脉冲输入"端相连，并将 DJK02"正桥触发脉冲"的 6 个开关拨至"通"，观察正桥 VT$_1$~VT$_6$ 晶闸管门极和阴极之间的触发脉冲是否正常。

2）三相桥式全控整流电路

将 DJK06 上的 "给定"输出调到零（逆时针旋到底），使电阻器放在最大阻值处，按下"启动"按钮，调节给定电位器，增加移相电压，使 α 角在 30°~150° 范围内调节，同时，根据需要不断调整负载电阻 R，使得负载电流 I_d 保持在 0.6 A 左右（注意 I_d 不得超过 0.65 A）。用示波器观察并记录 α 分别为 30°、60°、90° 时的整流电压 u_d 和晶闸管两端电压 u_{vt} 的波形，并记录相应的 U_d 数值。

3）三相桥式有源逆变电路

将 DJK06 上的"给定"输出调到零（逆时针旋到底），将电阻器放在最大阻值处，按下"启动"按钮，调节给定电位器，增加移相电压，使 β 角在 30°~90° 范围内调节，同时，根据需要不断调整负载电阻 R，得电流 I_d 保持在 0.6 A 左右（注意 I_d 不得超过 0.65 A）。用示波器观察并记录 β 分别为 30°、60°、90° 时的电压 u_d 和晶闸管两端电压 u_{VT} 的波形，并记录相应的 U_d 数值。

4）故障现象的模拟

当 $\beta = 60°$ ，将触发脉冲钮子开关拨向"断开"位置，模拟晶闸管失去触发脉冲时的故障，观察并记录这时的 u_d 、 u_{VT} 波形的变化情况。

3．实验报告

（1）画出电路的移相特性 $u_d = f(\alpha)$ 。

（2）画出触发电路的传输特性 $\alpha = f(U_{ct})$ 。

（3）画出 α 分别为 30°、60°、90°、120°、150°时的整流电压 u_d 和晶闸管两端电压 u_{VT} 的波形。

（4）简单分析模拟的故障现象。

第3章 直流斩波电路

【教学目标】

（1）掌握直流斩波电路的基本原理与分类。

（2）理解并掌握直流斩波电路（降压式、升压式、升压降压式、Cuk、Sepic、Zeta）的基本结构及工作原理。

（3）掌握项目实例中斩波电路的工作原理和波形分析方法。

将固定的直流电压变换为可变直流电压的电路称为直流斩波电路，也称为直流变换电路。直流斩波电路一般是指直接将直流电变为另一直流电的情况，不包括直流—交流—直流的变换。迄今为止，直流斩波技术已被广泛地应用于开关电源及直流电动机驱动中，如不间断电源（UPS）、无轨电车、地铁列车、蓄电池供电的机动车辆无级变速及 20 世纪 80 年代兴起的电动汽车的控制等。它能使上述被控对象获得加速平稳、快速响应的性能，同时具有节约电能的效果。

直流斩波系统的结构如图 3-1 所示。由于变换器的输入是电网电压经不可控整流而来的直流电压，所以直流斩波不仅能起到调压的作用，同时还能起到有效抑制电网侧谐波电流的作用。

图 3-1 直流斩波系统结构图

3.1 直流斩波电路的工作原理与分类

1. 直流斩波电路的工作原理

本节以一例最基本的斩波电路来说明直流斩波电路的工作原理。如图 3-2（a）所示，E 为输入的直流电源；电阻 R 为斩波电路的负载；Q 为斩波开关，负责接通和关断斩波电路，是该电路中尤为关键的电力器件，它可为全控型电力电子器件，如 IGBT、MOSFET 等，也可用普通晶闸管等半控型器件来实现。值得注意的是：普通晶闸管无自关断能力，需增设辅助关断电路。

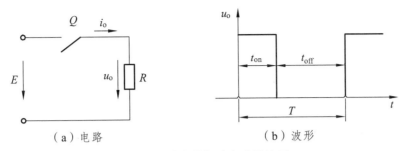

（a）电路　　　　　　　　　　　（b）波形

图 3-2　基本的斩波电路及波形

当斩波开关 Q 闭合，直流电压 E 就加到 R 上，并持续 t_{on} 时间。当斩波开关 Q 关断，负载 R 上的电压降为零，持续时间为 t_{off}，$T = t_{on} + t_{off}$ 为斩波器的工作周期，输出波形如图 3-2（b）所示。输出电压的平均值为

$$U_o = \frac{1}{T}\int_0^{t_{on}} u_o \mathrm{d}t = \frac{t_{on}}{T}E = kE \qquad (3\text{-}1)$$

其中 $k = \frac{t_{on}}{T}$，定义为占空比，其值可以通过改变 t_{on} 和 T 来实现，$0 \leqslant k \leqslant 1$。

输出电压有效值为

$$U = \sqrt{\frac{1}{T}\int_0^{t_{on}} u_o{}^2 \mathrm{d}t} = \sqrt{k}E \qquad (3\text{-}2)$$

若认为斩波开关 Q 是无损耗的，则输入功率 P_i 与输出功率相等，即

$$P_i = \frac{1}{T}\int_0^{kT} u_o i \mathrm{d}t = \frac{1}{T}\int_0^{kT} \frac{u_o{}^2}{R}\mathrm{d}t = k\frac{E^2}{R} \qquad (3\text{-}3)$$

由式（3-1）可知，当占空比 k 从 0 到 1 变化时，输出电压的平均值 U_o 从 0 变到 E，实现直流电压的调节。

根据控制开关 Q 对输入直流电压调制方式的不同，直流斩波电路有以下 3 种工作方式：

（1）脉冲宽度调制方式（PWM）。斩波开关的调制周期 T 不变，调节斩波开关导通时间 t_{on} 与关断时间 t_{off} 的比值。

（2）脉冲频率调制方式（PFM）。斩波开关导通时间 t_{on} 不变，改变斩波开关的工作周期 T。

（3）混合调制方式。同时改变斩波开关导通时间 t_{on} 和斩波开关的工作周期 T。

这三种工作方式中，除在要求输出电压调节范围较宽时采用混合调制方式，一般都采用脉冲宽度调制方式或脉冲频率调制方式，因为它们的控制电路比较简单。而当输出电压的调节范围要求较大时，如果采用脉冲频率调制方式，势必要求频率在一个较宽的范围内变化，使得后续滤波器电路的设计比较困难。如果负载是直流电动机，在输出电压较低的情况下，较长的关断时间会使流过电动机的电流断续，使直流电动机的运转性能变差，因此在直流斩波器中，比较常用的是脉冲宽度调制方式 PWM。

2. 直流斩波电路的分类

直流斩波电路的种类较多，按其功能分类主要包括 6 种基本斩波电路：

（1）降压式斩波电路（Buck Chopper）。

（2）升压式斩波电路（Boost Chopper）。

（3）升降压式斩波电路（Boost-Buck Chopper）。

（4）Cuk 斩波电路。

（5）Sepic 斩波电路。

（6）Zeta 斩波电路。

其中，降压式斩波电路和升压式斩波电路是两种最基本的斩波电路。一方面，这两种电路应用最为广泛；另一方面，理解这两种电路可为其他斩波电路的学习打下基础。此外，利用不同的基本斩波电路进行组合，可构成复合式斩波电路，如电流可逆斩波电路、桥式可逆斩波电路等。利用相同结构的基本斩波电路进行组合，可构成多相多重斩波电路。

3.2 降压式斩波电路（Buck Chopper）

降压式斩波电路对输入电压进行降压变换，即输出电压的平均值低于输入的直流电压，主要用于直流可调电源和直流电动机驱动中。

1. 电路的结构

降压式斩波电路如图 3-3 所示。由直流输入电源 E、可控开关 VT、储能元件 L、二极管 VD、滤波电容 C 和负载电阻 R 组成。这里可控开关 VT 采用全控器件 IGBT，也可使用 GTR、MOSFET 等其他全控型器件，如果使用晶闸管等半控型器件，则需增设辅助关断电路；电路中的二极管 VD 起续流作用，在 VT 关断时为电感 L 储存的能量提供续流通路。

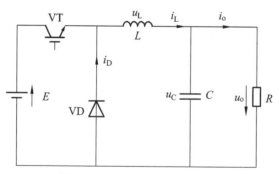

图 3-3　降压式直流斩波电路

2. 电路的工作原理

（1）当可控开关 VT 处于通态时，VD 承受反压而截止，电源 E 经开关 VT 给电感 L 储存能量，并向负载供电，等效电路如图 3-4（a）所示。

（2）当可控开关 VT 处于断态时，电感 L 产生感应电动势，二极管 VD 导通续流，为负载提供电流通路，其等效电路如图 3-4（b）所示。

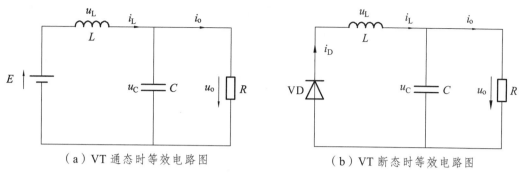

（a）VT 通态时等效电路图　　　　　（b）VT 断态时等效电路图

图 3-4

稳态分析表明，若输出端上的电容 C 很大，则负载上的输出电压可近似为常数 $u_o(t) \approx u_o$。由于稳态时电容的平均电流为零，因而电感中的平均电流等于输出平均电流。根据电感中的电流连续与否，可以划分为电流连续和电流不连续（断续）两种工作模式，下面分别进行讨论。

3. 电流连续导通的工作模式

假设电路输出端滤波电容 C 足够大，以保证输出电压恒定，电感 L 的值也很大，使得流过电感电流是连续的，即 $i_L > 0$。电路数量关系推算如下：设 VT 通态时间为 t_{on}，此阶段电感 L 上的电压为

$$u_L = E - u_o = L \frac{di_L}{dt} \tag{3-4}$$

电感中的电流线性上升，式（3-4）可写成

$$u_L = E - u_o = L \frac{di_L}{dt} = L \frac{i_{o\max} - i_{o\min}}{t_{on}} \tag{3-5}$$

当 VT 转为关断时，设断态时间为 t_{off}，由于电感的储能使得 i_L 经过二极管继续流通，呈线性下降。电感上呈现负电压 $u_L = -u_o = L \frac{di_L}{dt}$，如图 3-5 所示。电感中的电流输出电压为

$$u_o = -L \frac{di_L}{dt} = -L \frac{i_{o\min} - i_{o\max}}{t_{off}} = L \frac{i_{o\max} - i_{o\min}}{t_{off}} \tag{3-6}$$

在稳态工作时，电压、电流波形周期性重复。电感电压在一个周期（$T = t_{on} + t_{off}$）中的积分为零，即

$$(E - u_o)t_{on} = u_o(T - t_{on}) \tag{3-7}$$

化简得

$$u_o = \frac{t_{on}}{T} E = kE \tag{3-8}$$

在电流连续导通的工作模式下（如图 3-5 所示），给定输入电压不变而输出电压随 k 的变化成线性变化，当 $t_{on}<T$，即 $k<1$ 时，输出电压 u_o 低于电源电压 E，实现降压目的。

电路参数的变化将导致电感电流工作模式的变化，即电感电流由连续变为不连续。图 3-6 所示为电流临界状态时的 u_L 和 i_L 波形。设临界连续时电感的平均电流为 I_{LB}，由于在临界连续时 $i_{omin}=0$，所以

$$I_{LB}=\frac{1}{2}(i_{omax}+i_{omin})=\frac{1}{2}i_{omax}=\frac{t_{on}}{2L}(E-u_o)=\frac{kT}{2L}(E-u_o) \qquad （3-9）$$

在给定 T、u_o、L 和 k 等参数的条件下，如果平均输出电流或平均电感电流小于（3-9）式给出的 I_{LB} 值，那么 i_L 将不再连续。

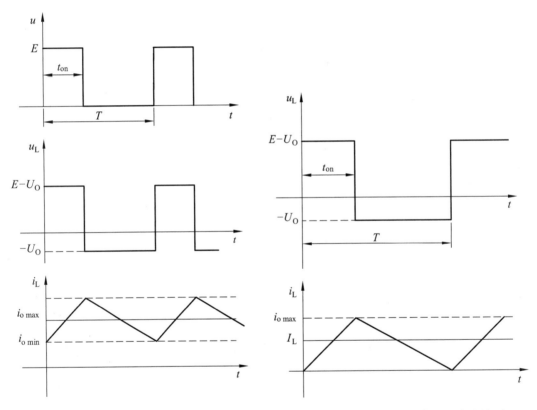

图 3-5　电流连续工作模式的电压、电流波形　　图 3-6　临界连续时的电压、电流波形

4. 电流不连续导通的工作模式

若负载中 L 值较小，则有可能出现负载电流断续的情况，此时电感电流的波形如图 3-7 所示，图中表明电感 L 储能较小，不足以维持在全部关断时间 t_{off} 内导通，因此出现电感电流不连续的现象。从图中可以看出，在 ΔT 期间，电感电流为零，已无法向负载提供能量，此时负载电阻上的功率是通过滤波电容提供的。在 ΔT 期间，电感上的电压也为零。

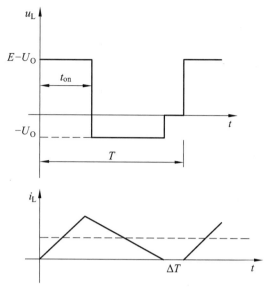

图 3-7 不连续时的电压、电流波形

例： 有一降压斩波电路如图 3-3 所示。已知：$U_d = 120\,\text{V}$，电阻负载 $R = 6\,\Omega$，开关周期性地通断，$t_{on} = 30\,\mu\text{s}$，$t_{off} = 20\,\mu\text{s}$，忽略开关导通压降，电感 L 足够大，试求：

（1）负载电流 I_o 及负载上的功率 P_o。

（2）若要求负载电流在 4 A 时仍能维持，则电感 L 最小应取多大？

解： 依题意，开关通断周期

$$T = t_{on} + t_{off} = 30\,\mu\text{s} + 20\,\mu\text{s} = 50\,\mu\text{s}$$

占空比

$$k = \frac{t_{on}}{T} = \frac{30}{50} = 0.6$$

（1）负载电压的平均值

$$U_o = kU_d = 0.6 \times 120\,\text{V} = 72\,\text{V}$$

负载电流的平均值

$$I_o = U_o/R_o = 72/6\,\text{A} = 12\,\text{A}$$

负载功率的平均值

$$P_o = U_o I_o = 0.86\,\text{kW}$$

（2）设占空比 k 不变，当负载电流为 4 A 时，处于临界连续状态，则电感量 L 为

$$L = \frac{TU_d}{2I_{LB}}k(1-k) = \frac{50 \times 120}{2 \times 4} \times 0.6 \times (1-0.6) = 180\,\mu\text{F}$$

3.3 升压式斩波电路（Boost Chopper）

升压式斩波电路对输入的直流电压进行升压变换，即输出电压的平均值总是高于输入电压，主要用于直流电动机传动、单相功率因数校正电路和其他交直流电源中。

1. 电路的结构

升压式斩波电路如图 3-8 所示。由直流输入电源 E、储能电感 L、可控开关 VT、升压二极管 VD、滤波电容 C 和负载电阻 R 组成。

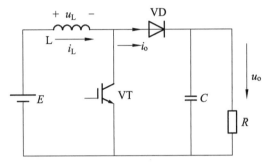

图 3-8　升压式直流斩波电路

2. 电路的工作原理

（1）当可控开关 VT 处于通态时，电源 E 经开关 VT 向电感 L 提供能量，二极管 VD 承受反压而截止，负载 R 所消耗的能量由电容 C 提供，此时负载电压等于电容电压，对应的等效电路如图 3-9（a）所示。

（2）当可控开关 VT 处于断态时，二极管 VD 导通，电源 E 和电感 L 叠加共同向电容 C 充电，并给负载 R 提供能量，对应的等效电路如图 3-9（b）所示。

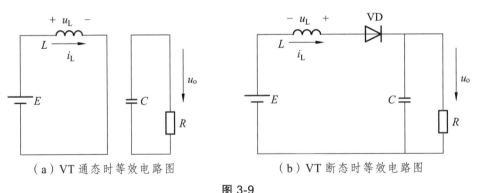

（a）VT 通态时等效电路图　　　　　（b）VT 断态时等效电路图

图 3-9

假设电路输出端滤波电容 C 足够大，以保证输出电压恒定，电感 L 的值也很大，电路数量关系推算如下：设 VT 通态时间为 t_{on}，此阶段 L 上储存的能量为 $EI_L t_{on}$，设 VT 断态时间为 t_{off}，此阶段电感释放能量为 $(U_o - E)I_L t_{off}$。在稳态工作时，电感电压在一个周期（$T = t_{on} + t_{off}$）中积蓄能量与释放能量相等，即

$$EI_L t_{on} = (U_o - E)I_L t_{off} \qquad (3\text{-}10)$$

化简得

$$U_o t_{off} = E(t_{on} + t_{off}) \qquad (3\text{-}11)$$

$$U_o = \frac{t_{on} + t_{off}}{t_{off}} E = \frac{T}{t_{off}} E = \frac{1}{1-k} E \qquad (3\text{-}12)$$

当 $\dfrac{T}{t_{off}} > 1$ 时，输出电压 U_o 高于电源电压 E，实现升压目的。

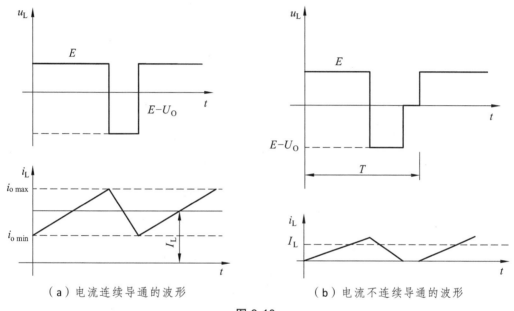

（a）电流连续导通的波形　　　　　　（b）电流不连续导通的波形

图 3-10

在上述分析过程中不难看出，对于升压式斩波电路，要使输出电压高于输入电源电压应满足两个假设条件，即电路中的电感 L 值很大，电容 C 值很大。只有在上述条件下，L 在储能之后才具有电压泵升的作用，C 在 L 储能期间才能维持输出电压不变。但实际上假设的理想条件不可能满足，即 C 值不可能无穷大，因此，实际输出电压的平均值 U_o 会略小。

3.4　升降压式斩波电路（Boost-Buck Chopper）

升降压式斩波电路也称为反极性斩波电路，是由降压式和升压式两种基本变换电路混合串联而成，其输出电压可以高于或低于输入电压，主要用于可调直流电源中。

1. 电路的结构

升降压式斩波电路如图 3-11（a）所示。由直流输入电源 E、可控开关 VT、储能电感 L、续流二极管 VD、滤波电容 C 和负载电阻 R 组成。该电路的结构特征是储能电感 L 与负载 R 并联，续流二极管 VD 反向串接在储能电感和负载之间。

2. 电路的工作原理

（1）当可控开关 VT 处于通态时，电源 E 经开关 VT 向电感 L 充电使其储存能量，此时电流为 i_1，方向如图 3-11（a）所示，电感电压上正下负。同时，电容 C 维持输出电压基本恒定并向负载 R 供电，此时负载电压等于电容电压，二极管 VD 被负载电压（下正上负）和电感电压反偏而处于截止状态。

（2）当可控开关 VT 处于断态时，电感 L 中自感应电动势极性变反（下正上负），VD 正偏导通，电感 L 中储存的能量通过 VD 向负载和电容释放，流过的电流为 i_2，方向如图 3-11（a）所示。可见，负载电压 u_0 始终下正上负，与电源电压极性相反，与前面介绍的降压式斩波电路和升压式斩波电路的情况也相反，因此，该电路也被称为反极性斩波电路。

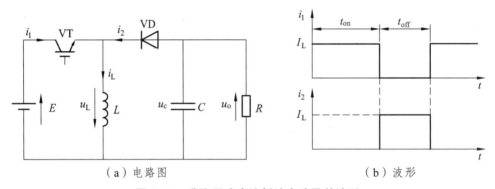

（a）电路图　　　　　　　　　　　　（b）波形

图 3-11　升降压式直流斩波电路及其波形

假设电感 L 很大，电容 C 也很大，使电感电流 i_L 和电容电压 u_C（即负载电压 u_o）基本恒定。当 VT 处于通态时，$u_L = E$；当 VT 处于断态时，$u_L = -u_o$。稳态时，电感电压 u_C 在一个周期（$T = t_{on} + t_{off}$）中积蓄能量与释放能量相等，即

$$EI_L t_{on} = U_o I_L t_{off} \tag{3-13}$$

$$U_o = \frac{t_{on}}{t_{off}} E = \frac{t_{on}}{T - t_{on}} E = \frac{k}{1-k} E \tag{3-14}$$

通过改变占空比 k，输出电压 U_o 既可以高于也可以低于电源电压 E。

例如，当 $0 < k < \frac{1}{2}$ 时，斩波器输出电压的平均值低于输入直流电压，实现降压变换；当 $\frac{1}{2} < k < 1$ 时，斩波器输出电压的平均值高于输入直流电压，实现升压变换。

3.5　Cuk 斩波电路

Cuk 斩波电路作为升降压式斩波电路的改进电路，也是升降混合的变换电路，其原理与上述升降直流斩波电路相似，提供与输入电压极性相反的可调输出电压。

1. 电路的结构

Cuk 斩波电路如图 3-12 所示。

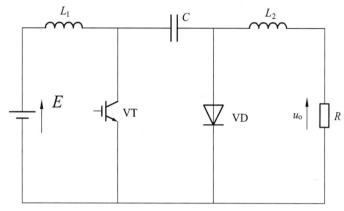

图 3-12　Cuk 斩波电路图

2. 电路的工作原理

（1）当可控开关 VT 处于通态时，电源 E 经 $L_1 \to$ VT 回路给电感 L_1 充电使其储存能量，C 通过 $C \to$ VT $\to R \to L_2$ 回路向负载 R 输出电压，u_o 为下正上负。

（2）当可控开关 VT 处于断态时，电源 E 和电感 L_1 经 $L_1 \to C \to$ VD 回路给电容 C 充电，极性为左正右负；L_2 通过 $L_2 \to$ VD $\to R \to L_2$ 回路向负载 R 输出电压，u_o 为下正上负。输出电压的极性与电源电压极性相反。

Cuk 斩波电路的等效电路如图 3-13 所示，上述过程相当于 VT 的等效开关 S 在 A、B 间交替切换。电容 C 起储能和由输入向输出传送能量的双重作用。

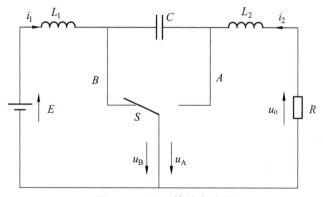

图 3-13　Cuk 等效电路图

输出电压的平均值 U_o 与输入电压 E 的关系为

$$U_o = \frac{t_{on}}{t_{off}} E = \frac{t_{on}}{T - t_{on}} E = \frac{k}{1-k} E \qquad （3-15）$$

可见，Cuk 斩波电路与升降压式斩波电路的输出表达式完全相同，即通过改变占空比 k，输出电压 U_o 既可以高于也可以低于电源电压 E。Cuk 斩波电路有一个明显的优点，即其输入电源电流和输出负载电流都是连续的，且脉动很小，有利于对输入、输出进行滤波。

3.6 Sepic 斩波电路

Sepic 斩波电路如图 3-14 所示，其基本的工作原理为：

（1）当可控开关 VT 处于通态时，$E \to L_1 \to VT$ 回路和 $C_1 \to VT \to L_2$ 回路同时导电，L_1、L_2 储能，负载 R 所消耗的能量由电容 C_2 提供，此时负载电压 $u_o = u_{C2}$。

（2）当可控开关 VT 处于断态时，$E \to L_1 \to C_1 \to VD \to C_2$、$R$ 回路及 $L_2 \to VD \to C_2$、R 回路同时导电，此阶段 E 和 L_1 既向负载供电，同时也向 C_1 充电，C_1 储存的能量在 VT 导通时向 L_2 转移。

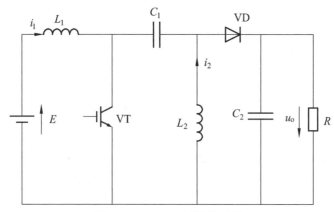

图 3-14　Sepic 斩波电路图

Sepic 斩波电路的输入输出关系为

$$U_o = \frac{t_{on}}{t_{off}} E = \frac{t_{on}}{T - t_{on}} E = \frac{k}{1-k} E \tag{3-16}$$

3.7 Zeta 斩波电路

Zeta 斩波电路也称双 Sepic 斩波电路，如图 3-15 所示。其基本的工作原理为：

（1）当可控开关 VT 处于通态时，电源 E 经开关 VT 向电感 L_1 储能。同时，E 和 C_1 共同向负载 R 供电，并向 C_2 充电。

（2）当可控开关 VT 处于断态时，L_1 经 VD 向 C_1 充电，其储存的能量转移至 C_1。同时，C_2 向负载供电，L_2 的电流则经 VD 续流。

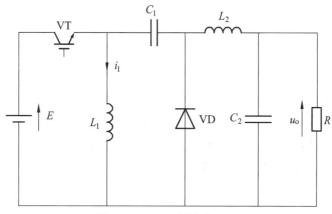

图 3-15 Zeta 斩波电路图

Zeta 斩波电路的输入输出关系为

$$U_o = \frac{k}{1-k}E \qquad (3-17)$$

可见，Sepic 斩波电路与 Zeta 斩波电路具有相同的输入输出关系，且与 3.4、3.5 节介绍的电路相比，Sepic 斩波电路与 Zeta 斩波电路的输出电压都为正极性。不同的是，Sepic 斩波电路中，电源电流和负载电流均连续，有利于输入、输出滤波，而 Zeta 斩波电路的输入、输出均是断续的。

3.8 项目四 Buck 变换电路

3.8.1 Buck 变换电路介绍

Buck 变换器或称为降压变换器，将高电压的直流输入变换为低电压的直流输出。基本电路形式见图 3-16 中所示。

该电路采取脉宽调制 PWM 的控制技术，通过改变 MOSFET 管或 IGBT 的 PWM 占空比，对输出电压进行调节，详细内容见第 3 章内容。电感 L 对高频的 PWM 起到一定的滤波作用，同时可以防止负载能量消耗过快，引起 MOSFET 管电流过大。输出电容起到将脉冲式的电压信号进行稳压滤波的作用。该电路根据电感电流的情况可分为连续的工作模式、临界的工作模式、断续的工作模式。所谓连续模式，即在额定输出的情况下电感电流在零以上，断续的工作模式为额定负载下电感电流会降至零，临界模式为连续与断续交界点，即电感电流额定负载下电感恰好为

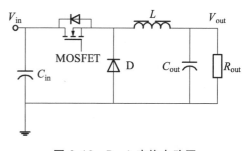

图 3-16 Buck 变换电路图

零。本项目中涉及的电感工作在连续模式，连续模式具有输出电压纹波小，电流谐波小及易控制等优点。

本项目具体实现技术指标：

输入：10 ~ 55 V

输出电压：5.1 V

输出电流平均值：3.5 A

输出电流峰值：4.5 A

输出电压精度：$5.1 \times (1 \pm 3\%)$ V

输出电压纹波：50 mV

3.8.2 Buck 变换电路设计

Buck 变换电路与其他电路的制作方法一致，都要经历原理图、PCB、器件选型到最终焊接、调试等必要步骤。

1. Buck 变换电路原理图设计

根据项目中 Buck 电路实现的技术指标参数，深入分析实现目标，详尽计算电感、MOSFET 及滤波电容等规格参数。按照分析、计算结果，进行电路原理图设计，所需元器件选型、设计。完成原理图设计是关键的一步，是为下一步做好充分准备。

2. PCB 印制电路板设计

该 Buck 变换电路项目 PCB 设计的重点在于充分考虑高频回路的问题，电感及电容滤波处理问题，在布局与布线中电路回路设计要足够顺畅。防止 MOSFET 在高频开关工作状态下影响控制回路的电压采样、电流采样，进而影响系统的反馈，使得输出发生震荡、不稳定，导致输出电压精度与纹波率不满足项目要求。

3. PCB 电路板生产制造

将上一步获得的 PCB 生产文件，送交 PCB 印制板制造厂家进行打样制作。PCB 制造厂家拿到 PCB 生产文件后，启动自动化的生产设备，进行 PCB 中铜箔、绝缘层等必需品的准备工作。根据 PCB 走线、过孔位置、过孔大小等细节进行铜箔生产，最后将各层 PCB 与绝缘层按设计胶合在一起，并在表层进行必要的处理，PCB 制造完成。

4. 器件采购、定制

在完成 PCB 设计，即可采购标准器件。对于 Buck 变换电路的电感的定制件，需要按照电路工作需要，与器件生产厂家进行必要的沟通，充分描述清楚需求细节，安排打样生产。所需器件如表 3-1 所示。

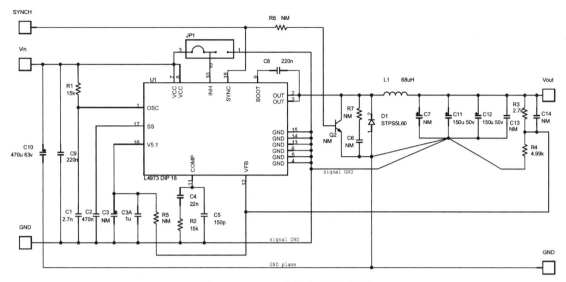

图 3-17 Buck 变换电路原理图

表 3-1 Buck 变换电路器件清单

序号	数量	位号	规格参数	封装	厂家	备注
1	1	C_5	CER. CAPACITOR 150 pF 25 V ± 5%	P.5 mm		
2	1	C_4	CER. CAPACITOR 22 nF 25 V ± 5%	P.5 mm		
3	1	C_2	CER. CAPACITOR 470 nF 25 V ± 5%	P.5 mm		
4	1	C_3	CER. CAPACITOR 1 μF 10 V ± 5%	P.5 mm		
5	1	C_1	POLYE. CAPACITOR 2.7 nF 63 V ± 5%	P.5 mm		
6	1	C_{13}	POLYE. CAPACITOR 100 nF 63 V ± 5%	P.5 mm		
7	1	C_9	POLYE. CAPACITOR 220 nF 63 V ± 5%	P.5 mm		
8	1	C_8	POLYE. CAPACITOR 220 nF 100 V ± 5%	P.5 mm		
9	2	C_{11}、C_{12}	EL. CAPACITOR 150 μF 35 V	diam.8 和 11.5 P. 3.5 mm	Nippon Chemi-con EKY-350ELL151MHB 5D	
10	1	C_{10}	EL. CAPACITOR 470 μF 63 V	diam.16 和 20 P. 7.5 mm	Nippon Chemi-con EKY-630ETS471ML2 0S	
11	3	C_6、C_7、C_{14}	NM			NC
12	1	D_1	DIODE STPS5L60	DO-201AD	ST	
13	1	L_1	INDUCTOR 68 μH IRMS = 3.4 A ISAT = 6.7 A	DO5040H-68 3MLD	Coilcraft	
14	1	Q_2	NM	TO92		NC
15	1	R_3	RESISTOR 2.7 kΩ ± 1% 1/4 W			
16	1	R_4	RESISTOR 4.99 kΩ ± 1% 1/4 W			
17	1	R_1	RESISTOR 15 kΩ ± 1% 1/4 W			
18	1	R_2	RESISTOR 15 kΩ ± 1% 1/4 W			
19	3	R_5、R_6、R_7	NM			NC
20	1	U_1	I.C.L4973 V3.3	DIP18	ST	

3.8.3 Buck 电路焊接与调试

制造出的 PCB 电路板及采购的元器件均到位后，启动焊接工作。焊接时，按照原理图逐个将所需器件及 PCB 中对应的位置进行焊接。

Buck 变换器 PCB 电路板焊接完成后，即可进行调试工作。调试时，在充分理解 Buck 电路基本工作原理，对 PWM 控制部分及 Buck 功率变换部分逐功能模块调试。

1. Buck 控制电路调试

首先，应熟悉控制电路的核心控制器 L4973，了解其外部管脚分布、内部大致构造、外围应用电路构成。在 L4973 与外围电路构成的控制电路中，为控制系统加入辅助供电，即 VCC 与 GND 脚间加入合适的供电电源（首次测试控制电路，加入 12 V 电源即可），用示波器观察控制器个管脚电平是否正常，排查故障。

2. 功率变换部分调试

Buck 功率变换部分电路的调试，是建立在在控制电路工作状态无任何异常的情况下进行。首次在电源变换的输入侧加入较低的电压（10 V 左右），观察输出侧电压是否正常（5.1 V）。同时，观察 L4973 各个管脚信号是否有异常。在确保控制电路与功率电路正常的情况下，将输出与负载连接，并设置额定负载功率。电源带载后测试输出是否正常，包括输出电压是否稳定，输出电压是否准确，输出电压纹波是否在要求范围内。

经过以上控制电路与功率变换电路的调试，解决所有异常及故障，确保 Buck 变换器工作正常。

3.8.4 项目总结

经过以上 Buck 变换器的一般原理介绍、设计、焊接调试等工作，应掌握 Buck 电路基本工作原理，锻炼焊接能力，并对电路的调试方法进行深刻思考、总结。对于 Buck 变换电路，在调试中需要深入思考以下几个问题。

（1）本章中对电感的 3 种工作模式，即断续模式、临界模式、连续模式进行了深入分析。在本项目中，完成 Buck 变换电路基本调试后，我们要根据教材相关理论进行计算，项目中电感工作于哪种模式，并通过实验进行测试、观察。

（2）通过 Buck 变换电路的调试，深刻理解 PWM 脉宽调制的控制方式。除此之外，从电路系统角度体会、理解负反馈的控制思想。

（3）对于 5.1 V 的输出，应基本掌握输出电压精度的调整方法。应明白纹波电压值与哪些参数有关，并能根据电路纹波电压要求，修改参数达到相关技术指标。

习题与思考题

（1）什么叫直流斩波电路？举例说明直流斩波器的应用。

（2）试以降压式斩波电路为例，简要说明斩波器具有直流变压器效果。

（3）比较升压式斩波电路与降压式斩波电路的工作特点。

（4）在如图 3-4 所示的升压斩波电路中，已知 $E = 20\,\text{V}$，L 值和 C 值极大，$R = 20\,\Omega$，采用脉宽调制控制方式，当 $T = 40\,\mu\text{s}$，$t_{\text{on}} = 25\,\mu\text{s}$ 时，计算输出电压平均值 U_{o} 和输出电流平均值 I_{o}。

（5）试分别简述升降压斩波电路和 Cuk 斩波电路的基本原理，并比较其异同点。

实　验

1. 实验目的

（1）加深理解斩波电路的工作原理。

（2）掌握斩波器主电路、触发电路的调试步骤和方法。

（3）熟悉斩波器电路各点的电压波形。

2. 实验所需挂件及附件

表 3-2　试验所需挂件及附件

序　号	型　号	备　注
1	DJK01 电源控制屏	该控制屏包含"三相电源输出"等几个模块
2	DJK05 直流斩波电路	该挂件包含触发电路和主电路两个模块
3	DJK06 给定及实验器件	该挂件包含"给定"等模块
4	D42 三相可调电阻	
5	双踪示波器	自备
6	万用表	自备

3. 实验线路及原理

本实验采用脉宽可调的晶闸管斩波器，主电路如图 3-17 所示。其中 VT_1 为主晶闸管，VT_2 为辅助晶闸管，C 和 L_1 构成振荡电路，它们与 VD_1、VD_2、L_2 组成 VT_1 的换流关断电路。当接通电源时，C 经 L_1、VD_1、L_2 及负载充电至 $+U_{\text{do}}$，此时 VT_1、VT_2 均不导通，当主脉冲到来时，VT_1 导通，电源电压将通过该晶闸管加到负载上。当辅助脉冲到来时，VT_2 导通，C 通过 VT_2、L_1 放电，然后反向充电，其电容的极性从 $+U_{\text{do}}$ 变为 $-U_{\text{do}}$，当充电电流下降到零时，VT_2 自行关断，此时 VT_1 继续导通。VT_2 关断后，电容 C 通过 VD_1 及 VT_1 反向放电，流过 VT_1 的电流开始减小，当流过 VT_1 的反向放电电流与负载电流相同的时候，VT_1 关断；此时，电容 C 继续通过 VD_1、L_2、VD_2 放电，然后经 $L1$、VD_1、L_2 及负载充电至 $+U_{\text{do}}$，电源停止输出电流，等待下一个周期的触发脉冲到来。VD_3 为续流二极管，为反电动势负载提供放电回路。

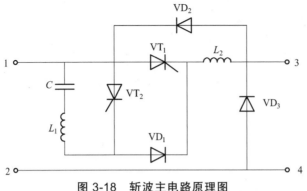

图 3-18 斩波主电路原理图

从以上斩波器工作过程可知，控制 VT_2 脉冲出现的时刻即可调节输出电压的脉冲，从而可达到调节输出直流电压的目的。VT_1、VT_2 的触发脉冲间隔由触发电路确定。

实验接线如图 3-18 所示，电阻 R 用 D42 三相可调电阻，用其中一个 900 Ω 的电阻；励磁电源和直流电压、电流表均在控制屏上。

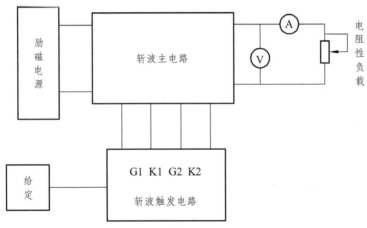

图 3-19 直流斩波器实验线路图

4. 实验内容

（1）直流斩波器触发电路调试。

（2）直流斩波器接电阻性负载。

（3）直流斩波器接电阻电感性负载（选做）。

5. 思考题

（1）直流斩波器有哪几种调制方式？本实验中的斩波器为何种调制方式？

（2）本实验采用的斩波器主电路中电容 C 起什么作用？

6. 实验方法

1）斩波器触发电路调试

调节 DJK05 面板上的电位器 RP1、RP2，RP1 调节锯齿波的上下电平位置，而 RP2 为调节锯齿波的频率。先调节 RP2，将频率调节到 $200\,Hz \sim 300\,Hz$，然后在保证三角波不失真的情况下，调节 RP1 为三角波提供一个偏置电压（接近电源电压），使斩波主电路工作的时候有一定的起始直流电压，供晶闸管一定的维持电流，保证系统能可靠工作，将 DJK06 上的给定接入，观察触发电路的第二点波形，增加给定，使占空比从 0.3 到 0.9。

2）斩波器带电阻性负载

（1）按图 3-12 实验线路接线，直流电源由电源控制屏上的励磁电源提供，接斩波主电路，斩波器主电路接电阻负载，将触发电路的输出"G1""K1""G2""K2"分别接至 VT_1、VT_2 的门极和阴极。

（2）用示波器观察并记录触发电路的"G1""K1""G2""K2"波形，并记录输出电压 U_d 及晶闸管两端电压 U_{VT1} 的波形，注意观测各波形间的相对相位关系。

（3）调节 DJK06 上的"给定"，观察在不同 τ 时 u_d 的波形，并记录相应的 U_d 和 τ，从而画出 $U_d = f(\tau/T)$ 的关系曲线，其中 τ/T 为占空比。

7. 实验报告

（1）整理并画出实验中记录下的各点波形，画出不同负载下 $U_d = f(\tau/T)$ 的关系曲线。

（2）讨论、分析实验中出现的各种现象。

8. 注意事项

（1）触发电路调试好后，才能接主电路实验。

（2）将 DJK06 上的"给定"与 DJK05 的公共端相连，以使电路正常工作。

（3）负载电流不要超过 0.5 A，否则容易造成电路失控现象。

（4）当斩波器出现失控现象时，请首先检查触发电路参数设置是否正确，确保无误后将直流电源的开关重新打开。

第4章　交流电力控制电路和交交变频电路

【主要内容】

（1）晶闸管单相和三相交流调压器。

（2）全控型器件的交流斩波电路。

（3）交-交变频器。

（4）交-交（AC-AC）变换器的应用。

4.1　交流调压电路

交流调压电路通常由晶闸管组成，用于调节输出电压的有效值。与常规的调压变压器相比，晶闸管交流调压器有体积小、重量轻的特点。其输出是交流电压，但它不是正弦波形，其谐波分量较大，功率因数也较低。

控制方法：

（1）通断控制。即把晶闸管作为开关，通过改变通断时间比值达到调压的目的。这种控制方式电路简单，功率因数高，适用于有较大时间常数的负载；缺点是输出电压或功率调节不平滑。

（2）相位控制。它是使晶闸管在电源电压每一周期中、在选定的时刻将负载与电源接通，改变选定的时刻可达到调压的目的。

4.1.1　单相交流调压电路

1. 电阻性负载

图 4-1 为一双向晶闸管与电阻负载 R_L 组成的交流调压主电路，图中双向晶闸管也可改用两只反并联的普通晶闸管，但需要两组独立的触发电路分别控制这两只晶闸管。

在电源正半周 $\omega t = \alpha$ 时触发 VT 导通，有正向电流流过 R_L，负载端电压 u_R 为正值，电流过零时 VT 自行关断；在电源负半周 $\omega t = \pi + \alpha$ 时，再触发 VT 导通，有反向电流流过 R_L，其端电压 u_R 为负值，到电流过零时 VT 再次自行关断。然后重复上述过程。改变 α 角即可调节负载两端的输出电压有效值，达到交流调压的目的。电阻负载上交流电压有效值为

$$U_R = \sqrt{\frac{1}{\pi}\int_a^\pi (\sqrt{2}U_2 \sin \omega t)^2 \, \mathrm{d}(\omega t)} = U_2\sqrt{\frac{1}{2\pi}\sin 2\alpha + \frac{\pi - \alpha}{\pi}} \qquad (4\text{-}1)$$

电流有效值

$$I = \frac{U_R}{R} = \frac{U_2}{R}\sqrt{\frac{1}{2\pi}\sin 2\alpha + \frac{\pi - \alpha}{\pi}} \qquad (4\text{-}2)$$

电路功率因数

$$\cos\phi = \frac{P}{S} = \frac{U_R I}{U_2 I} = \sqrt{\frac{1}{2\pi}\sin 2\alpha + \frac{\pi - \alpha}{\pi}} \qquad (4\text{-}3)$$

电路的移相范围为 $0 \sim \pi$。

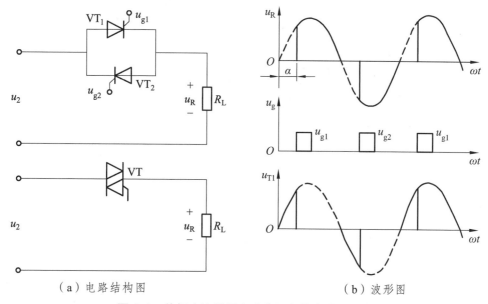

（a）电路结构图   （b）波形图

图 4-1　单相交流调压电路电阻负载电路及波形

　　由双向晶闸管组成的电路，只要在正负半周对称的相应时刻 $(\alpha, \pi + \alpha)$ 给触发脉冲，则和反并联电路一样可得到同样的可调交流电压。

　　交流调压电路的触发电路完全可以套用整流移相触发电路，但是脉冲的输出必须通过脉冲变压器，其两个二次线圈之间要有足够的绝缘。

　　2. 电感性负载

　　如图 4-2 中电路图所示，负载为感性。当电源电压反向过零时，由于负载电感产生感应电动势阻止电流变化，故电流不能立即为零，此时晶闸管导通角 θ 的大小，不但与控制角 α 有关，而且与负载阻抗角 ϕ 有关。两只晶闸管门极的起始控制点分别定在电源电压每个半周的起始点，α 的最大范围是 $\varphi \leqslant \alpha < \pi$。

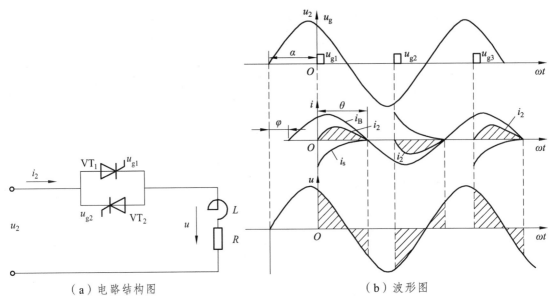

（a）电路结构图　　　　　　　　　（b）波形图

图 4-2　单相交流调压电路电感性负载电路及波形

当控制角为 α 时，U_{g1} 触发 VT_1 导通，流过 VT_1 管的电流 i_2 有两个分量，即强制分量 i_B 与自由分量 i_S，其强制分量为

$$i_B = \frac{\sqrt{2}U_2}{Z}\sin(\omega t + \alpha - \phi) \tag{4-4}$$

式中

$$Z = \sqrt{R^2 + (\omega L)^2}, \quad \phi = \text{arctg}\frac{\omega L}{R} \tag{4-5}$$

其自由分量为

$$i_S = \frac{\sqrt{2}U_2}{Z}\sin(\alpha - \phi)e^{-\frac{t}{\tau}} = -\frac{\sqrt{2}U_2}{Z}\sin(\alpha - \phi)e^{\frac{\omega t}{\text{tg}\phi}} \tag{4-6}$$

式中　τ——自由分量衰减时间常数，

$$\tau = \frac{L}{R} \tag{4-7}$$

流过晶闸管的电流即负载电流为

$$i_2 = i_S + i_B = \frac{\sqrt{2}U_2}{Z}\left[\sin(\omega t + \alpha - \phi) - \sin(\alpha - \phi)e^{-\frac{\omega t}{\text{tg}\phi}}\right] \tag{4-8}$$

当 $\alpha > \phi$ 时，电压、电流波形如图 4-2（b）所示。随着电源电流下降过零进入负半周，电路中的电感储存的能量释放完毕，电流到零，VT_1 管才关断。

在 $\omega t = 0$ 时触发 $\omega t = \theta$ 时管子关断，将 $\omega t = \theta$ 代入公式可得

$$\sin(\theta + \alpha - \phi) = \sin(\alpha - \phi)e^{-\frac{\theta}{tg\phi}} \qquad (4\text{-}9)$$

当取不同的 ϕ 角时，$\theta = f(\alpha)$ 的曲线如图 4-3 所示。

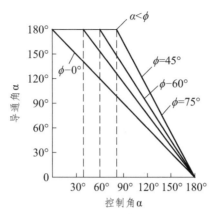

图 4-3 导通角与控制角关系曲线

当 $\alpha > \phi$ 时，稳定分量 i_B 与自由分量 i_S 如图 4-2（b）所示，叠加后电流波形 i_2 的导通角 $\theta < 180°$，正负半波电流断续，α 愈大 θ 愈小，波形断续愈严重。当 $\alpha = \phi$ 时，电流自由分量 $i_S = 0$，$i_2 = i_B$；$\theta = 180°$ 正负半周电流处于临界连续状态，相当于晶闸管失去控制，负载上获得最大功率，此时电流波形滞后电压 ϕ 角度。当 $\alpha < \phi$ 时，如果触发脉冲为窄脉冲，则当 u_{g2} 出现时，VT_1 的电流还未到零，VT_2 管受反压不能触发导通；待 VT_1 中电流变到零关断，VT_2 承受正压时，脉冲已消失，无法导通。这样使负载只有正半波，电流出现很大的直流分量，电路不能正常工作。

带电感性负载时，晶闸管应当采用宽脉冲列，这样在 $\alpha < \phi$ 时，虽然在刚开始触发晶闸管的几个周期内，两管的电流波形是不对称的，但当负载电流中的自由分量衰减后，负载电流即能得到完全对称连续的波形，电流滞后电源电压 ϕ 角，但实际是晶闸管是不可控的。所以晶闸管的移相范围 $\phi \leqslant \alpha < \pi$。

综上所述，单相交流调压可归纳为以下三点：

（1）带电阻性负载时，负载电流波形与单相桥式可控整流交流侧电流波形一致，改变控制角 α 可以改变负载电压有效值。

（2）带电感性负载时，不能用窄脉冲触发，否则当 $\alpha < \phi$ 时会发生有一个晶闸管无法导通的现象，电流出现很大的直流分量。

（3）带电感性负载时，α 的移相范围为 $\phi \sim 180°$，带电阻性负载时移相范围为 $0 \sim 180°$。

4.1.2 三相交流调压电路

1. 负载 Y 形连接带中性线的三相交流调压电路

负载 Y 形连接带中性线的三相交流调压电路如图 4-4 所示。它由 3 个单相晶闸管交流调压器组合而成，其公共点为三相调压器中线，每一相可以作为一个单相调压器单独分析，其工作原理和波形与单相交流调压相同。

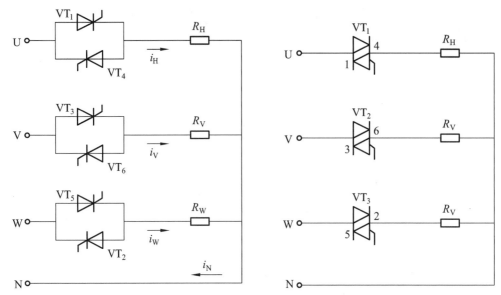

图 4-4　负载 Y 形连接带中性线的三相交流调压电路

在晶闸管交流调压电路中，每相负载电流为正负对称的缺角正弦波，它包含较大的奇次谐波电流。3 次谐波电流的相位是相同的，中性线的电流数值较大，这种电路的应用有一定的局限性。

2. 晶闸管与负载连接呈内三角形的三相交流调压电路

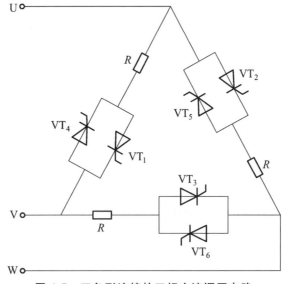

图 4-5　三角形连接的三相交流调压电路

该电路的优点是：由于晶闸管串接在三角形内部，流过的是相电流，在同样线电流情况下，管子的容量可降低，另外线电流中无 3 的倍数次谐波分量。缺点是：负载必须是三个分得开的单元，因而其应用范围有一定的局限性。

3. 三相晶闸管接于 Y 形负载中性点的三相交流调压电路

电路如图 4-6 所示，它要求负载是三个分开的单元，从图 4-6 中电流波形可见，输出电流正负半周波形不对称，但其面积是相等的，所以没有直流分量。

此种电路使用元件少，触发线路简单，但由于电流波形正负半周不对称，故存在偶次谐波，对电源影响与干扰较大。

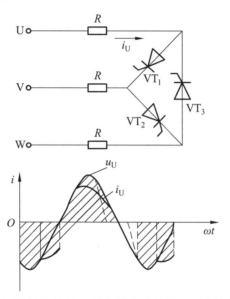

图 4-6　三相晶闸管接于 Y 形负载中性点的三相交流调压电路

4. 用三对反并联晶闸管连接呈三相三线交流调压电路

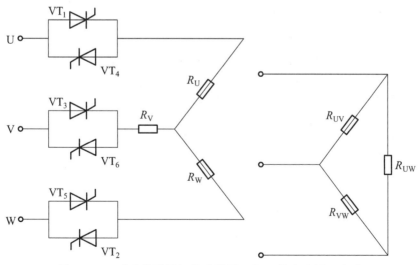

图 4-7　三对反并联晶闸管连接呈三相三线交流调压电路

对触发脉冲电路的要求：

（1）三相正（或负）触发脉冲依次间隔 120°，而每一相正、负触发脉冲间隔 180°

103

（2）为了保证电路起始工作时能两相同时导通，以及在感性负载和控制角较大时，仍能保持两相同时导通，与三相全控整流桥一样，要求采用双脉冲或宽脉冲触发。

（3）为了保证输出电压对称可调，应保持触发脉冲与电源电压同步。

三相调压电路在纯电阻性负载时的工作情况分析。

当控制角 $\alpha = 0°$ 时，由于各相在整个正半周正向晶闸管导通，而负半周反向晶闸管导通，所以负载上获得的调压电压仍为完整的正弦波。$\alpha = 0°$ 时如果忽略晶闸管的管降压，此时调压电路相当于一般的三相交流电路，加到其负载上的电压是额定电源电压。

归纳 $\alpha = 0°$ 时的导通特点：每管持续导通 $180°$；每 $60°$ 区间有三个晶闸管同时导通。

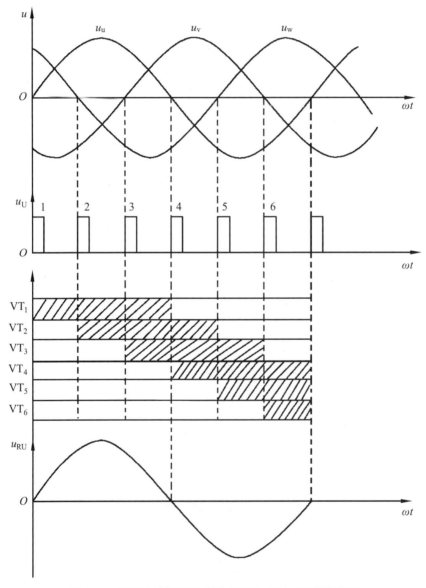

图 4-8　三相全波星形无中线调压电路 $\alpha = 0°$ 时的波形

当控制角 $\alpha = 30°$ 时，各相电压过零 $30°$ 后触发相应晶闸管。以 U 相为例，u_u 过零变正 $30°$ 后发出 VT_1 的触发脉冲 U_{g1}，u_u 过零变负 $30°$ 后发出 VT_4 的触发脉冲 U_{g2}。

归纳 $\alpha = 30°$ 时的导通特点为：每管持续导通 $150°$；有的区间由两个晶闸管同时导通构成两相流通回路，也有的区间三个晶闸管同时导通构成三相流通回路。

当控制角 $\alpha = 60°$ 时，具体分析与 $\alpha = 30°$ 相似。这里给出 $\alpha = 60°$ 时的脉冲分配图、导通区间和 U 相负载电压波形如图 4-9 所示。

归纳 $\alpha = 60°$ 时的导通特点如下：每个晶闸管导通 $120°$；每个区间由两个晶闸管构成回路。

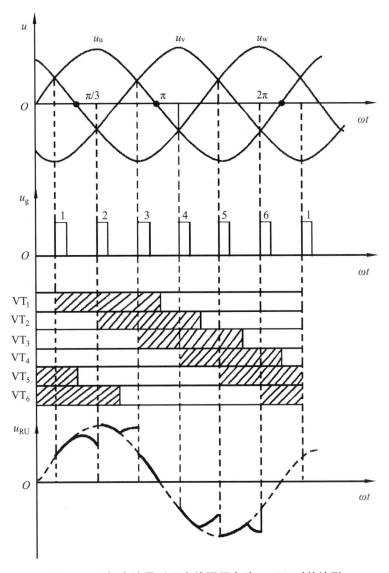

图 4-9　三相全波星形无中线调压电路 $\alpha = 30°$ 时的波形

105

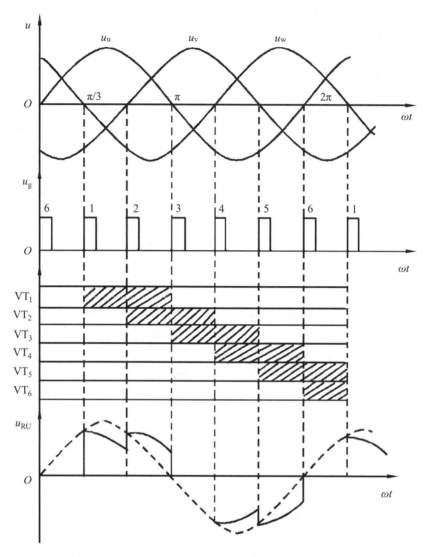

图 4-10 三相全波星形无中线调压电路 $\alpha = 60°$ 时的波形

当触发角 $\alpha = 90°$ 时,认为正半周或负半周结束就意味着相应晶闸管的关断是错误的。首先假设触发脉冲有大于 $60°$ 的脉宽。则在触发 VT_1 时,VT_6 还有触发脉冲,由于此时 $u_U > u_V$,VT_1 和 VT_6 承受正压 u_{UV} 而导通,电流流过:VT_1、U 相负载、V 相负载、VT_6,一直到 $u_U < u_V$ 时刻,VT_1、VT_6 才能同时关断。同样,当 u_{g2} 到来时,VT_1 的触发脉冲 u_{g1} 还存在,又由于 $u_U > u_W$,使得 VT_2 和 VT_1 承受正压 u_{UW} 一起导通,构成 UW 相回路。

归纳 $\alpha = 90°$ 时的导通特点如下:每个晶闸管通 $120°$,各区间有两个晶闸管导通。当触发角 $\alpha = 120°$ 时,触发脉冲脉宽大于 $60°$。

归纳 $\alpha = 120°$ 时的导通特点如下:每个晶闸管触发后通 $30°$,断 $30°$,再触发导通 $30°$;各区间要么由两个晶闸管导通构成回路,要么没有晶闸管导通。

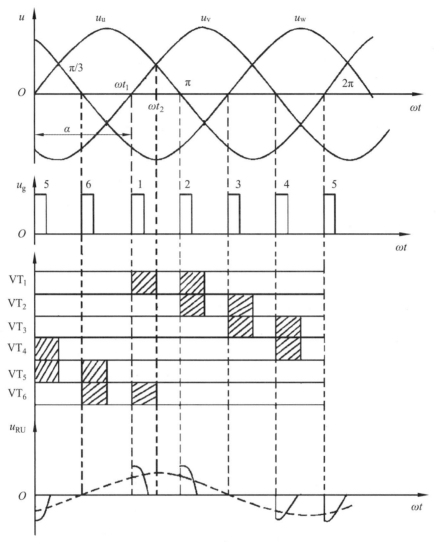

图 4-11　三相全波星形无中线调压电路 $\alpha = 120°$ 时的波形

当控制角 $\alpha \geqslant 150°$ 时，$\alpha > 150°$ 以后，负载上没有交流电压输出。当 u_{g1} 触发 VT_1 时，尽管 VT_6 的触发脉冲仍存在，但由于 $u_U < u_V$，即，VT_1、VT_6 承受反向电压，不可能导通，因此输出电压为零。

每相负载上的电压已不是正弦波，但正、负半周对称。因此，输出电压中只有奇次谐波，以三次谐波所占比重最大。但由于这种线路没有零线，故无三次谐波通路，减少了三次谐波对电源的影响。

三相调压电路在电感性负载时的工作情况：三相交流调压电路在电感性负载下的情况要比单相电路复杂得多，很难用数学表达式进行描述。从实验可知，当三相交流调压电路带电感性负载时，同样要求触发脉冲为宽脉冲，而脉冲移相范围为：$0 \leqslant \alpha \leqslant 150°$。随着 α 增大则输出电压减小。

4.2 其他交流控制电路

4.2.1 晶闸管交流调功器

前面介绍移相触发控制，使得电路中的正弦波形出现缺角，包含较大的高次谐波。为了克服这种缺点，可采用过零触发的通断控制方式。这种方式的开关对外界的电磁干扰最小。

控制方法如下：在设定的周期内，使晶闸管开关接通几个周波然后断开几个周波，改变通断时间比，改变了负载上的交流平均电压，可达到调节负载功率的目的。因此这种装置也称为交流调功器。

图 4-12 为两种通断工作方式，如在设定周期 T_c 内导通的周波数为 n，每个周波的周期为 T，输出电压有效值是

$$U = \sqrt{\frac{nT}{T_c}} U_n \tag{4-10}$$

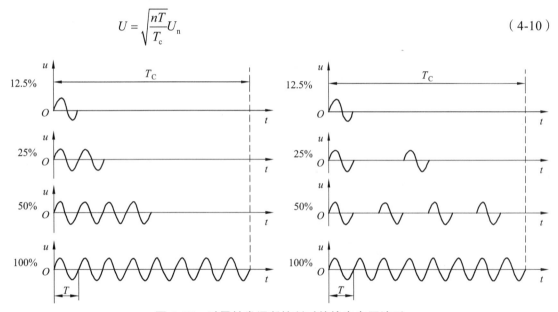

图 4-12 过零触发通断控制时的输出电压波形

则调功器的输出功率是

$$P = \frac{nT}{T_c} P_n \tag{4-11}$$

式中 P_n——设定周期 T_c 内全部周波导通时，装置输出的功率；

  U_n——设定周期 T_c 内全部周波导通时，装置输出的电压有效值；

  n——在设定周期 T_c 内导通的周波数。

因此改变导通周波数 n 即可改变电压和功率。

4.2.2 晶闸管交流开关

晶闸管交流开关是一种快速、理想的交流开关。晶闸管交流开关总是在电流过零时关断，

在关断时不会因负载或线路电感储存能量而造成暂态过电压和电磁干扰，因此特别适用于操作频繁、可逆运行及有易燃气体、多粉尘的场合。

过零触发虽然没有移相触发时的高次谐波干扰，但其通断频率比电源频率低，特别当通断比太小时，会出现低频干扰，使照明出现人眼能察觉到的闪烁、电表指针出现摇摆等。所以调功器通常用于热惯性较大的电热负载。

4.3 交-交变频电路

4.2.1 单相交-交变频电路

1. 基本结构和工作原理

单相交-交变频电路由两组反并联的晶闸管整流器构成，和直流可逆调速系统用的四象限变换器完全一样，两者的工作原理也相似。

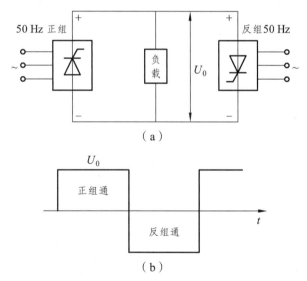

图 4-13 单相交-交变频器的主电路及输出电压波形

2. 方波型交-交变频器

当正组供电时，负载上获得正向电压；当反组供电时，负载上获得负向电压。如果在各组工作期间 α 角不变，则输出电压为矩形波交流电压。改变正反组切换频率可以调节输出交流电的频率，而改变的 α 大小即可调节矩形波的幅值。

3. 正弦波型交-交变频器

正弦波型交-交变频器的主电路与方波型的主电路相同，但正弦波型交-交变频器输出电压的平均值按正弦规律变化，克服了方波型交-交变频器输出波形高次谐波成分大的缺点。

在正组桥整流工作时，使控制角 α 从 $\pi/2 \rightarrow 0 \rightarrow \pi/2$ 输出的平均电压由低到高再到低的变化。而在正组桥逆变工作时，使控制角 α 从 $\pi/2 \to \pi \to \pi/2$，就可以获得平均值可变的负向逆变电压。

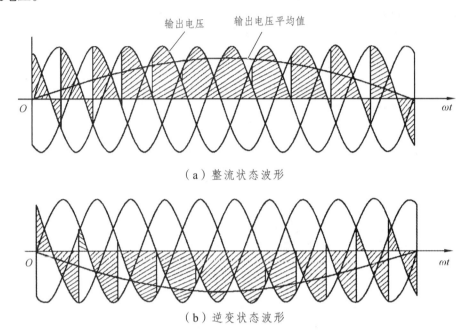

（a）整流状态波形

（b）逆变状态波形

图 4-14　正弦型交-交变频器的输出电压波形

输出正弦波形的获得方法：最常用的方法是余弦交点法，该方法的原则是：触发角的变化和切换应使得整流输出电压的瞬时值与理想正弦电压的瞬时值误差最小。

正弦波型交-交变频器适合于低频大功率的电气传动系统，最高输出频率是输入频率的 1/3 或 1/2。

输出电压有效值和频率的调节：交-交变频电路的输出电压是由若干段电源电压拼接而成的。在输出电压的一个周期内，所包含的电源电压段数越多，其波形就越接近正弦波。

使控制角从 $\pi/2 \to \alpha_0 \to \pi/2$，改变 α_0，就改变了输出电压的峰值，也就改变了输出电压的有效值；改变 α 变化的速率，也就改变了输出电压的频率。

4.2.2　无环流控制及有环流控制

为保证负载电流反向时无环流，系统必须留有一定的死区时间，这就使得输出电压的波形畸变增大。为了减小死区的影响，应在确保无环流的前提下尽量缩短死区时间。另外，在负载电流发生断续时，相同 α 角时的输出电压被抬高，这也造成输出波形的畸变。电流死区和电流断续的影响限制了输出频率的提高。

有环流控制方式和直流可逆调速系统中的有环流方式类似，在正反两组变换器之间设置环流电抗器。运行时，两组变换器都施加触发脉冲，并使正组触发角 α_1 和反组触发角 α_2 保持 $\alpha_1 + \alpha_2 = 180°$ 的关系。该方式使输出波形的畸变得以改善，还可提高输出上限频率。但在运行时，有环流方式的输入功率比无环流方式略有增加，使效率有所降低。

交-交变频器的特点：交-交变频器由于其直接变换的特点，效率较高，可方便地进行可逆运行。主要缺点是：功率因数低；主电路使用晶闸管元件数目多，控制电路复杂。变频器输出频率受到其电网频率的限制，最大变频范围在电网 1/2 以下。交-交变频器一般只适用于球磨机、矿井提升机、电动车辆、大型轧钢设备等低速大容量拖动场合。

将两组三相可逆整流器反并联即可构成单相变频电路。

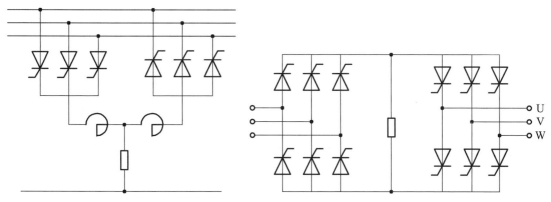

图 4-15　三相半波-单相交-交变频电路图　　图 4-16　三相桥式-单相交-交变频电路图

4.2.3　三相交-交变频电路

三相交-交变频器电路是由三组输出电压相位互差的单相交-交变频电路组成的。

1. 公共交流母线进线方式

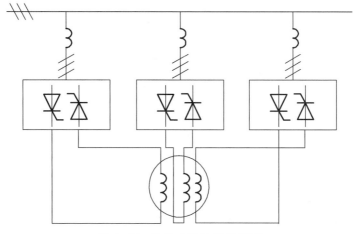

图 4-17　公共交流母线进线图

2. 输出星形连接方式

由于变频器输出端中点不和负载中点相连接，所以在构成三相变频器的 6 组桥式电路中，至少要有不同相的 2 组桥中的 4 个晶闸管同时导通才能构成回路，形成电流。

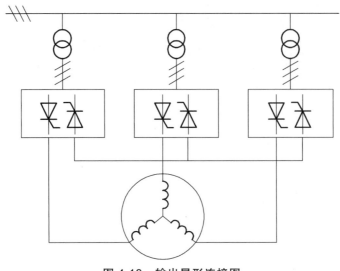

图 4-18 输出星形连接图

小结：

改变反并联晶闸管的控制角，就可方便地实现交流调压。当带电感性负载时，必须防止由于控制角小于阻抗角造成的输出交流电压中出现直流分量的情况。

过零触发是在电压零点附近触发晶闸管使其导通，改变晶闸管的通断比，以实现交流调压或调功。过零触发克服了移相触发有谐波干扰的不足。

交-交变频不通过中间直流环节而把工频交流电直接变换成不同频率的交流电。根据控制角变化方式的不同，有方波型交-交变频器、正弦波型交-交变频器之分。

交-交变频器的电流控制方式有"无环流控制"及"有环流控制"两种。交-交变频器效率较高，但输出电压的频率较低。

4.4 项目五 电风扇无级调速电路

4.4.1 调速电路介绍

电风扇无级调速器是交流调压电路的典型应用，交流调压电路是用来变换交流电压幅值（或有效值）和功率的电路，这种装置又被称为交流调压器。它广泛应用于工业加热、灯光控制、感应电动机的启动和调速以及电解电镀的交流侧调压等场合，也可以用作调节整流变压器一次侧电压。采用晶闸管组成的交流调压电路可以方便地调节输出电压的幅值（有效值）。本项目主要介绍电风扇无级调速器的各组成部分和工作原理，以及电风扇无级调速器的设计、制作与调试方法。

本项目通过对电风扇无级调速器电路相关知识的介绍和分析，使读者掌握电风扇无级调速电路的原理。进而使读者能够理解电风扇无级调速器工作原理以及交流调压、交流调功电路在其他方面的应用。通过本项目的训练，使读者掌握交流调压电路在电风扇无级调速器中的实际应用。

4.4.2　调速电路调试

电风扇调速器在日常生活中随处可见。目前有以下几种方法可实现风扇调速：

（1）用微电路板控制电压高低，改变速度，例如：部分空调室内机。

（2）改变电阻来控制电压、改变速度，例如：部分空调柜机。

（3）切换线路，通过电机上的几组线圈来改变速度，例如：普通电风扇。

本项目介绍的是常见的电风扇无级调速器，旋动旋钮改变电阻调节电风扇的速度。该电子调速器具有结构简单、操作简便、使用安全可靠等特点，可取代电风扇的机械式三档调速开关和吊扇调速器。

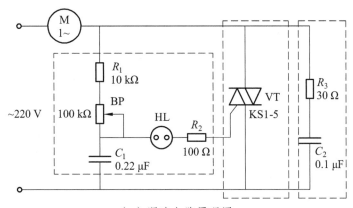

（a）调速电路原理图

（b）调速器实物

图 4-19　电风扇无级调速器

如图 4-19（a）所示，调速器电路由主电路、触发电路和保护电路三部分构成，它是通过改变电阻来改变双向晶闸管的导通角，进而改变电风扇电动机工作电压的高低，从而改变电风扇的风速。本课题通过对电风扇无级调速电路及电路相关知识的分析使读者能够理解调速器电路的工作原理，进而掌握分析交流调压电路的方法。

图 4-20 为双向晶闸管简易触发电路。图（a）中当开关 S 拨至"2"双向晶闸管 VT 只在正半周触发，负载 R_L 上仅得到正半周电压；当 S 拨至"3"时，VT 在正、负半周分别触发，R_L 上得到正、负两个半周的电压，因而比置"2"时电压大。图（c）、（d）中均引入了具有对称击性的触发二极管 VD，这种二极管两端电压达到击穿电压数值（通常为 30 V 左右，不分极性）时被击穿导通，晶闸管便也触发导通。调节电位器 R_P 改变控制角 α，实现调压。图

（c）与图（b）的不同点在于（c）中增设了 R_1、R_2、C_2。在（b）图中，当工作于大 α 值时，因 R_P 阻值较大，使 C_1 充电缓慢，到 α 角时电源电压已经过峰值并降得过低，则 C_1 上充电电压过小不足以击穿双向触发二极管 VD；而图（c）在大 α 时，C_2 上可获得滞后的电压 u_{c2}，给电容 C_1 增加一个充电电路，保证在大 α 时 VT 能可靠触发。

图 4-20（e）是电风扇无级调速电路图，接通电源后，电容 C_1 充电，当电容 C_1 两端电压的峰值达到氖管 HL 的阻断电压时，HL 亮，双向晶闸管 VT 被触发导通，电扇转动。改变电位器 R_P 的大小，即改变了 C_1 的充电时间常数，使 VT 的导通角发生变化，也就改变了电动机两端的电压，因此电扇的转速改变。由于 R_P 是无级变化的，因此电扇的转速也是无级变化的。

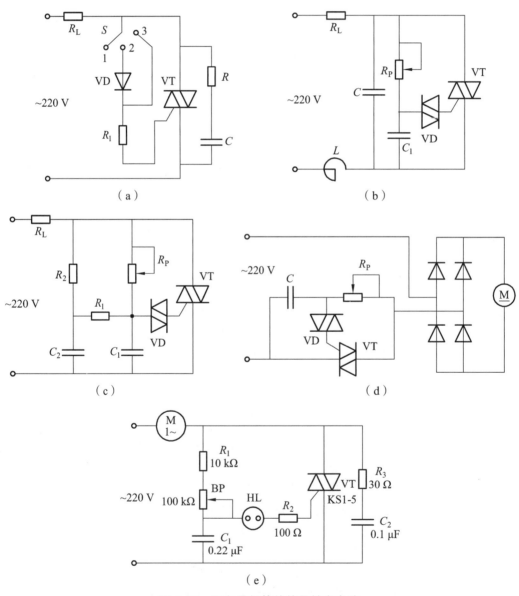

图 4-20　双向晶闸管的简易触发电路

4.4.3 项目总结

通过风扇无级调速电路的介绍，以及对实验项目的具体调试、分析，应基本掌握电风扇无级调速的原理，对交流调压电路、交流调功电路有更深刻的理解。通过本项目的训练，要求掌握交流调压电路在风扇无级调速中的实际应用，学会安装、焊接、调试电力电子电路。

实　验

实验一　单相交流调压电路

1. 实验目的

（1）熟悉交流电路的工作原理，掌握接线、调试步骤和方法。

（2）观察电阻负载与电阻电感负载时的输出电压、电流波形。加深理解晶闸管单相交流调压电路的工作原理。

（3）加深理解单相交流调压电路带电感性负载对脉冲及移相范围的要求。

2. 实验设备

双向晶闸管	1个
DJK01 电源控制屏	1块
DJK02 三相交流桥路	1块
DJK03 晶闸管触发电路实验挂件	1块
双臂滑线电阻器	1个
双踪示波器	1台
万用表	1块

3. 实验线路及原理

本实验采用 KC05 晶闸管集成移相触发器。该触发器适用于双向晶闸管或两个反向并联晶闸管电路的交流相位控制，具有锯齿波线性好、移相范围宽、控制方式简单、易于集成控制、有失交保护、输出电流大等优点。

单相晶闸管交流调压器的主电路由两个反向并联的晶闸管组成，如图 4-21 所示。

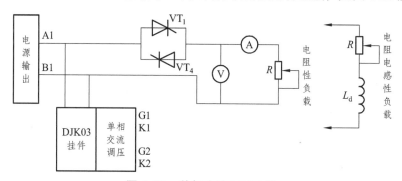

图 4-21　单相交流调压电路

4. 实验内容及步骤

（1）将 DJK01 电源控制屏的电源选择开关打到"直流调速"侧使输出线电压为 220 V，用两根导线将 220 V 交流电压接到 DJK03 的"外接 220 V"，按下"启动"按钮，打开 DJK03 电源开关，用示波器观察"1"至"5"端及脉冲输出的波形。调节电位器 RP1，观察锯齿波斜率是否变化，调节 RP2，观察输出脉冲的移相范围如何变化，移相能否达到 170°。记录上述过程中观察到的各点电压波形。

（2）将 DJK02 面板上的两个晶闸管反向并联而构成交流调压器，将触发器的输出脉冲端"G1"、"K1"、"G2"和"K2"分别接至主电路相应晶闸管的门极和阴极。接上电阻性负载，用示波器观察电压、晶闸管两端电压 UVT 的波形。调节"单相调压触发电路"电位器 RP2，观察在 α 分别为 30°、60°、90°、120°时的波形。

（3）将电感 L 与电阻 R 串联成电阻电感负载。按下"启动"按钮，用示波器同时观察负载电压 U_1 和负载电流 I_1 的波形。调节 R 的数值，使阻抗角为一定值，观察在不同 α 角时波形的变化情况，记录 $\alpha > \phi$、$\alpha = \phi$、$\alpha < \phi$ 三种情况下负载两端的电压 U_1 和流过负载的电流 I_1 的波形。

5. 实验注意事项

触发电路的两路输出相位相差 180°，VT_1 与 VT_4 的位置固定后，两路输出应对应接到 VT_1、VT_4 上。

6. 实验报告

（1）根据实验记录整理、画出实验中所记录的各类波形。
（2）分析电阻电感性负载时，α 角与 ϕ 角相应关系的变化对调压器工作的影响。
（3）分析实验中出现的各种问题。
（4）写出本次实验实训的心得与体会。

第 5 章　逆变电路

逆变与整流相对应，把直流电变成交流电称为逆变。逆变电路是将直流电能变换为交流电能的变换电路。

逆变电路可用于构成各种交流电源，在工业中得到广泛应用。生产中最常见的交流电源是由发电厂供电的公共电网（中国采用线电压方均根值为 380 V，频率为 50 Hz 供电制）。由公共电网向交流负载供电是最普通的供电方式。但随着生产的发展，相当多的用电设备对电源质量和参数有特殊要求，以至难于由公共电网直接供电。为了满足这些要求，历史上曾经有过电动机-发电机组和离子器件逆变电路。但由于它们的技术经济指标均不如用电力电子器件（如晶闸管等）组成的逆变电路，因而已经或正在被后者所取代。

逆变电路的应用非常广泛。在已有的各种电源中，蓄电池、干电池、太阳能电池等都是直流电源，当需要这些电源向交流负载供电时，就需要逆变电路。另外，交流电机调速用变频器、不间断电源、感应加热电源等电力电子装置使用非常广泛，其电路的核心部分都是逆变电路。它的基本作用是在控制电路的控制下将中间直流电路输出的直流电源转换为频率和电压都任意可调的交流电源。

当逆变电路交流侧接在电网上，即交流侧接有电源时，称为有源逆变；当交流侧直接和负载连接时，称为无源逆变。

无源逆变是将直流电转变为负载所需的不同频率和电压值的交流电。实现无源逆变的装置称为无源逆变器（简称逆变器），因无源逆变经常与变频概念联系在一起，所以又称为变频器。变频电路有交-交变频和交-直-交变频两种形式，其中交-直-交变频电路由交-直变换电路和直-交变换电路两部分组成，前一部分属于整流电路，后一部分就是逆变电路。

有源逆变电路在第 2 章的整流部分已经介绍，本章主要介绍无源逆变电路。

5.1　换流方式

5.1.1　逆变器的工作原理

以单相桥式逆变电路为例说明最基本的工作原理。电路图如 5-1 所 $Q_1 \sim Q_4$ 是桥式电路的 4 个臂，由电力电子器件及辅助电路组成，输入直流电压 E，逆变器负载是电阻 R，当将开关 Q_1、Q_4 闭合，Q_2、Q_3 断开时，电阻上得到左正右负的电压；间隔一段时间后将开关 Q_1、Q_4 断开，Q_2、Q_3 闭合，电阻上得到左负右正的电压。若以频率 f 交替切换 Q_1、Q_4 和 Q_2、Q_3，在电阻上就可以得到图 5-1（b）所示的电压波形。

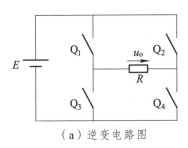
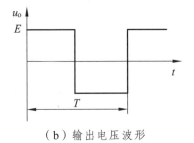

（a）逆变电路图　　　　　　　（b）输出电压波形

图 5-1　逆变器的工作原理

显然这是一种交变的电压，随着电压的变化，电流也从一个桥臂转移到另外一个桥臂，通常将这一过程称为换流。在换流过程中，有的支路要从通态转移到断态，有的支路要从断态转移到通态。从断态向通态转移时，无论支路是由全控型还是半控型电力电子器件组成，只要给门极适当的驱动信号，就可以使其开通。但从通态向断态转移的情况就不同。全控型器件可以通过对门极的控制使其关断，而对于半控型器件的晶闸管来说，就不能通过对门极的控制使其关断，必须利用外部条件或采取其他措施才能使其关断。一般来说，要在晶闸管电流过零后再施加一定时间的反向电压，才能使其关断。可见换相过程中，使晶闸管关断要比使其开通复杂得多，因此研究换流方式主要是研究如何使器件关断。对逆变器来说，关键的问题就是换流。

5.1.2　换流方式

换流是为了有效地对电能进行变换和控制，电力电子电路实质上是一种按既定时序工作的大功率开关电路。因此，含开关元件支路间电流的转移必然产生于开关元件开关状态发生转变的瞬间。

可靠换流是所有变流电路顺利工作的必要条件。换流过程的长短和优劣对变流电路的经济技术性能会产生较大的影响。换流过程涉及器件的开关过程。这一过程又随着器件的控制极性能而异。

换流方式主要有以下四种：

1. 器件换流

利用全控型器件自身所具有的自关断能力进行换流。

图 5-1（a）电路中的开关，实际是各种半导体开关器件的一种理想模型。逆变器常用的开关器件有普通型和快速型晶闸管（SCR）、门极关断（GTO）晶闸管、电力晶体管（GTR）、电力场效应管（Power MOSFET）、绝缘栅晶体管（IGBT）等。普通型和快速型晶闸管作为逆变器的开关器件时，因其阳极与阴极两端加有正向直流电压，只要在它的门极加正的触发电压，晶闸管就可以导通。但晶闸管导通后门极失去控制作用，要让它关断就困难了，必须设置关断电路，负载换流和强迫换流是晶闸管器件常采用的关断方式。其他几种新型的电力电子器件，属于全控器件，可以用控制极信号使其关断，换流控制自然就简单多了。所以，在逆变器应用领域，普通型和快速型晶闸管将逐步被全控型器件所取代。

2. 电网换流

由电网提供换流电压称为电网换流。

在第 2 章讲述的可控整流电路中，无论其工作在整流状态还是有源逆变状态，都是借助于电网电压实现换流的，都属于电网换流。在换流时，只要把负的电网电压施加在欲关断的晶闸管上即可使其关断。这种换流方式不需要器件具有门极关断能力，也不需要为换相附加任何元器件，但是不适用于没有交流电网的无源逆变电路。

3. 负载换流

由负载提供换流电压称为负载换流。

凡是负载电流的相位超前于负载电压的场合，都可以实现负载换流。当负载为电容性负载时，即可实现负载换流；当负载为同步电动机时，由于可以控制励磁电流使负载呈电容性因而也可以实现负载换流；将负载与其他换流元器件接成并联或串联谐振电路，使负载电流的相位超前负载电压，且超前时间大于管子关断时间，就能保证管子完全恢复阻断实现可靠换流。

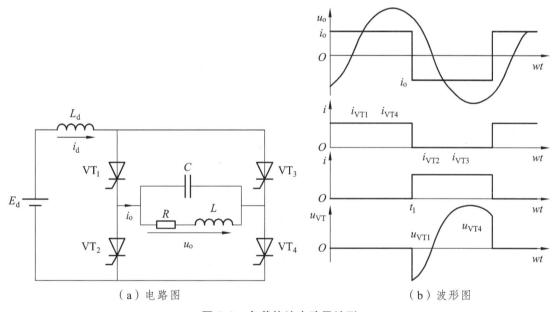

（a）电路图　　　　　　　　　　　（b）波形图

图 5-2　负载换流电路及波形

图 5-2（a）是基本的负载换流逆变电路，4 个桥臂均由晶闸管组成。其负载是电阻电感串联后再和电容并联，整个负载工作在接近并联谐振状态而略呈容性。在实际电路中，电容往往是为改善负载功率因数，使其略呈容性而接入的。在直流侧串入了一个很大的电感 L_d，因而在工作过程中可以认为 i_d 基本没有脉动。

电路的工作波形如图 5-2（b）所示。因为直流电流近似为恒值，四个臂开关的切换仅使电流流通路径改变，所以负载电流基本呈矩形波。因为负载工作在对基波电流接近并联谐振的状态，故对基波的阻抗很大而对谐波的阻抗很小，因此负载电压 u 的波形接近正弦波。设在 t_1 时刻前 VT_1、VT_4 为通态，VT_2、VT_3 为断态，u_o、i_o 均为正，VT_2、VT_3 上施加的电压

即为 u。在 t_1 时刻触发 VT₂、VT₃ 导通，负载电压 u 就通过 VT₂、VT₃ 分别加到 VT₄、VT₁ 上，使其承受反向电压而关断，电流从 VT₁、VT₄ 转移到 VT₃、VT₂。触发 VT₂、VT₃ 的时刻 t_1 必须在 u 过零前并留有足够的裕量，才能使换流顺利完成。从 VT₂、VT₃ 到 VT₄、VT₁ 的换流过程和上述情况类似。

4. 强迫换流

设置附加的换流电路，给欲关断的晶闸管强迫施加反向电压或反向电流的换流方式称为强迫换流。强迫换流通常利用附加电容上所储存的能量来实现，因此也称为电容换流。

图 5-3（a）所示电路，称为直接耦合式强迫换流。该方式中，由换流电路内的电容直接提供换流电压。在晶闸管 VT 处于通态时，预先给电容 C 按图中所示极性充电。如果合上开关 Q，就可以使晶闸管被施加反向电压而关断。

如果通过换流电路内的电容和电感的耦合来提供换流电压或换流电流，则称为电感耦合式强迫换相。图 5-3（b）、（c）是两种不同的电感耦合式强迫换流原理图。图 5-3（b）中晶闸管在 LC 振荡第一个半周期内关断，图 5-3（c）中晶闸管在 LC 振荡第二个半周期内关断。因为在晶闸管导通期间，两图中电容所充的电压极性不同。在图（b）中，接通开关 Q 后，LC 振荡电流将反向流过晶闸管 VT，与 VT 的负载电流相减，直到 VT 的合成正向电流减至零后，再流过二极管 VD。在图 5-3（c）中，接通 Q 后，LC 振荡电流先正向流过 VT 并和 VT 中原有负载电流叠加，经半个振荡周期 $\pi\sqrt{LC}$ 后，振荡电流反向流过 VT，直到 VT 的合成正向电流减至零后再流过二极管 VD。在这两种情况下，晶闸管都是在正向电流减至零且二极管开始流过电流时失断。二极管上的管压降就是加在晶闸管上的反向电压。

图 5-3（a）给晶闸管加上反向电压而使其关断的换流也叫电压换流。而图 5-3（b）和图 5-3（c）先使晶闸管电流减为零，然后通过反并联二极管使其加上反向电压的换流也叫电流换流。

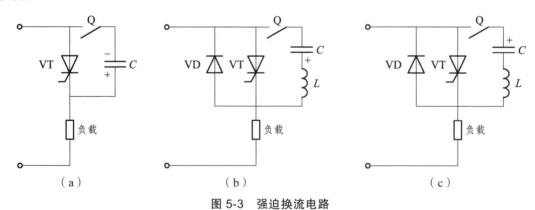

图 5-3　强迫换流电路

上述四种换流方式中，器件换流只适用于全控型器件，其余三种方式主要是针对晶闸管而言的。器件换流和强迫换流都是因为器件或变流器自身的原因而实现换流的，二者都属于自换流；电网换流和负载换流不是依靠变流器自身原因，而是借助于外部手段（电网电压或负载电压）来实现换流的，它们属于外部换流。采用自换流方式的逆变电路称为自换流逆变电路，采用外部换流方式的逆变电路称为外部换流逆变电路。

5.2 电压型逆变电路

逆变电路按主电路的器件分，可分为：由具有自关断能力的全控型器件组成的全控型逆变电路；由无关断能力的半控型器件（如普通晶闸管）组成的半控型逆变电路。半控型逆变电路必须利用换流电压以关断退出导通的器件。若换流电压取自逆变负载端，称为负载换流式逆变电路。这种电路仅适用于容性负载；对于非容性负载，换流电压必须由附设的专门换流电路产生，称自换流式逆变电路。按直流侧电源性质的不同可分为电压型逆变电路和电流型逆变电路。

直流侧是电压源的称为电压型逆变器。电压型逆变器直流侧一般接有大电容，直流电压基本无脉动，直流回路呈现低阻抗，相当于电压源。

5.2.1 单相电压型逆变电路

1. 半桥逆变电路

图 5-4 为半桥逆变电路原理图，直流电压 U_d 加在两个串联的足够大的电容两端，并使得两个电容的连接点为直流电源的中点，即每个电容上的电压为 $U_d/2$。由两个导电臂交替工作使负载得到交变电压和电流，每个导电臂由一个电力晶体管与一个反并联二极管所组成。

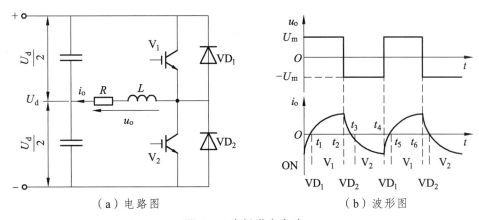

（a）电路图　　　　　（b）波形图

图 5-4　半桥逆变电路

电路工作时，两只电力晶体管 V_1、V_2 基极信号交替正偏和反偏，二者互补导通与截止。

若电路负载为感性，其工作波形如图 5-4（b）所示，输出电压为矩形波，幅值 $U_m = U_d/2$。负载电流 i_o 的波形与负载阻抗角有关。设 t_2 时刻之前 V_1 导通，电容 C_1 两端的电压通过导通的 V_1 加在负载上，极性为右正左负，但负载电流 i_o 由右向左。t_2 时刻给 V_1 关断信号，给 V_2 导通信号，则 V_1 关断，但感性负载中的电流 i_o 方向不能突变，于是 VD_2 导通续流，电容 C_2 两端电压通过导通的 VD_2 加在负载两端，极性为左正右负。当 t_3 时刻 i_o 降至零时，VD_2 截止，V_2 导通，i_o 开始反向。同样在 t_4 时刻给 V_2 关断信号，给 V_1 导通信号后，V_2 关断，i_o 方向不能突变，由 VD_1 导通续流。t_5 时刻 i_o 降至零时，VD_1 截止，V_1 导通，i_o 反向。

由上分析可见，当 V_1 或 V_2 导通时，负载电流与电压同方向，直流侧向负载提供能量；而当 VD_1 或 VD_2 导通时，负载电流与电压反方向，负载中电感的能量向直流侧反馈，反馈回的能量暂时储存在直流侧电容器中，电容器起缓冲作用。由于二极管 VD_1、VD_2 是负载向直流侧反馈能量的通道，故称反馈二极管；同时 VD_1、VD_2 也起着使负载电流连续的作用，因此又称为续流二极管。

如电路中的开关器件为普通晶闸管，则需附加电容换相电路才能正常工作。

2. 全桥逆变电路

全桥逆变电路可看作两个半桥逆变电路的组合。电路原理图如图 5-5（a）所示，它采用了四个 IGBT 作全控开关器件。直流电压 U_d 接有大电容 C，使电源电压稳定。电路中的四个桥臂，桥臂 1、4 和桥臂 2、3 组成两对，两对桥臂交替各导通 180°，其输出电压 u_o 的波形和图 5-4（b）的半桥电路形状相同，也是矩形波，但其幅值高出一倍，$U_m = U_d$。在直流电压和负载都相同的情况下，其输出电流 i_o 的波形当然也和图 5-4（b）中的 i_o 形状相同，仅幅值增加一倍。图 5-4（a）中的 VD_1、V_1、VD_2、V_2 相继导通的区间，分别对应于图 5-5（a）中的 VD_1 和 VD4、V_1 和 V_4、VD_2 和 VD_3、V_2 和 V_3 相继导通的区间。关于无功能量的交换，对于半桥逆变电路的分析也适用于全桥逆变电路。

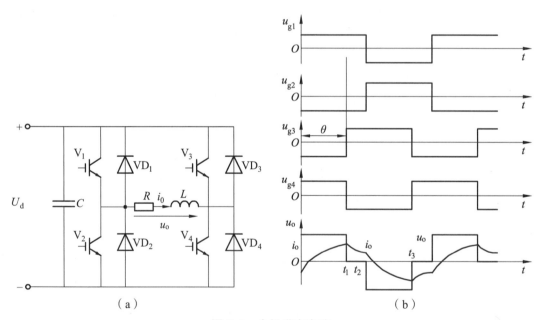

图 5-5　全桥逆变电路

全桥逆变电路在单相逆变电路中应用最多。下面对其电压波形做定量分析。把幅值为 U_d 的矩形波 u_o 展开成傅里叶级数得

$$u_o = \frac{4U_d}{\pi}\left(\sin\omega t + \frac{1}{3}\sin 3\omega t + \frac{1}{5}\sin 5\omega t + \cdots\right) \tag{5-1}$$

其中基波的幅值 U_{o1m} 和 U_{o1} 分别为

$$U_{\text{o1m}} = \frac{4U_{\text{d}}}{\pi} = 1.47U_{\text{d}} \qquad\qquad (5\text{-}2)$$

$$U_{\text{o1}} = \frac{2\sqrt{2}U_{\text{d}}}{\pi} = 0.9U_{\text{d}} \qquad\qquad (5\text{-}3)$$

上述公式对于半桥逆变电路也是适用的，只是式中的 U_{d} 要换成 $U_{\text{d}}/2$。

前面分析的都是 u_{o} 的正负电压各为 180°矩形脉冲时的情况。在这种情况下，要改变输出交流电压的有效值只能通过改变直流电压 U_{d} 来实现。

在阻感负载时，还可以采用移相的方式来调节逆变电路的输出电压，这种方式称为移相调压。移相调压实际上就是调节输出电压脉冲的宽度。在图 5-5（a）的单相全桥逆变电路中，各 IGBT 的栅极信号仍为 180°正偏，180°反偏，并且 V_1 和 V_2 的栅极信号互补，V_3 和 V_4 的栅极信号互补，但 V_3 的基极信号不是比 V_1 落后 180°，而是只落后 θ（$0<\theta<180°$）。也就是说，V_3、V_4 的栅极信号不是分别和 V_2、V_1 的栅极信号同相位，而是前移了 $180°-\theta$。这样，输出电压 u_{o} 就不再是正负各为 180°的脉冲，而是正负各为 θ 的脉冲，各 IGBT 的栅极信号 $u_{\text{G1}} \sim u_{\text{G4}}$ 及输出电压 u_{o}、输出电流 i_{o} 的波形如图 5-5（b）所示。

设 t_1 时刻前 V_1 和 V_4 导通，输出电压 u_{o} 为 U_{d}，t_1 时刻 V_3 和 V_4 的栅极信号反向，V_4 截止，因负载电感中的电流 i_{o} 不能突变，V_3 不能立刻导通，VD_3 导通续流。因为 V_1 和 VD_3 同时导通，所以输出电压为零。到 t_2 时刻 V_1 和 V_2 栅极信号反向，V_1 截止，而 V_2 不能立刻导通，VD_2 导通续流，和 VD_3 构成电流通道，输出电压为 $-U_{\text{d}}$，到负载电流过零并开始反向时，VD_2 和 VD_3 截止，而 V_4 不能立刻导通，VD_4 导通续流，u_{o} 再次为零。以后的过程和前面类似。这样，输出电压 u_{o} 的正负脉冲宽度就各为 θ。改变 θ，就可以调节输出电压。

在纯电阻负载时，采用上述移相方法也可以得到相同的结果，只是 $VD_1 \sim VD_4$ 不再导通，不起续流作用。在 U_{o} 为零的期间，4 个桥臂均不导通，负载也没有电流。

5.2.2　三相电压型逆变电路

电路采用电力晶体管作为可控器件，由三个半桥即六个桥臂组成。为了分析问题方便，图 5-6 的直流侧电源画出了假定中性点 N′。电压型三相桥式逆变电路的基本工作方式是 180°导电方式，即每个桥臂的导电角度为 180°，同一组（即同一半桥）上下两个臂交替导电，因为每次换流都是在同一相上下两个桥臂之间进行的，因此称为纵向换流。6 个管子控制导通的顺序为 $V_1 \rightarrow V_6$，控制间隔为 60°，这样，在任一瞬间，将有三个臂同时导通。可能是上面一个臂下面两个臂，也可能是上面两个臂下面一个臂同时导通。

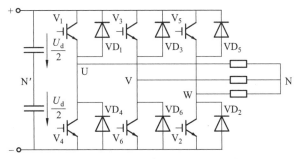

图 5-6　三相电压型逆变电路的主电路

我们将逆变器输出的三相电压分别称为 U 相、V 相和 W 相。对于 U 相来说，当 V_1 导通时，$u_{UN'} = \dfrac{U_d}{2}$，当 V_4 导通时，$u_{UN'} = -\dfrac{U_d}{2}$，因此 $u_{UN'}$ 的波形是矩形波。V、W 两相的情况和 U 相类似，$u_{VN'}$、$u_{WN'}$ 的波形形状和 $u_{UN'}$ 相同，只是相位依次相差 120°。有关逆变输出的电压电流波形如图 5-7 所示。

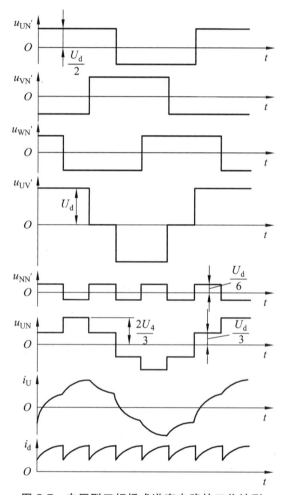

图 5-7　电压型三相桥式逆变电路的工作波形

设负载中性点 N 与直流电源假定中性点 N′ 之间的电压为 $u_{NN'}$，则负载各相的相电压分别为：

$$u_{UN} = u_{UN'} - u_{NN'} \tag{5-4}$$

$$u_{VN} = u_{VN'} - u_{NN'} \tag{5-5}$$

$$u_{WN} = u_{WN'} - u_{NN'} \tag{5-6}$$

将上面各式相加并整理可得

$$u_{NN'} = \frac{1}{3}(u_{UN'} + u_{VN'} + u_{WN'}) - \frac{1}{3}(u_{UN} + u_{VN} + u_{WN}) \tag{5-7}$$

设负载为三相对称负载，则有 $u_{UN} + u_{VN} + u_{WN} = 0$，故可得

$$u_{NN'} = \frac{1}{3}(u_{UN'} + u_{VN'} + u_{WN'}) \tag{5-8}$$

负载线电压 u_{UV}、u_{VW} u_{WU} 可由下式求出：

$$u_{UV} = u_{UN'} - u_{VN'} \tag{5-9}$$

$$u_{VW} = u_{VN'} - u_{WN'} \tag{5-10}$$

$$u_{WU} = u_{WN'} - u_{UN'} \tag{5-11}$$

$u_{NN'}$ 的波形也是矩形波，但其频率为 $u_{UN'}$ 频率的 3 倍，幅值为其 $\frac{1}{3}$，即为 $\frac{U_d}{6}$。由图可看出 u_{VN}、u_{WN} 的波形形状和 u_{UN} 相同，只是相位依次相差 120°。

负载参数已知时，可以由 u_{UN} 的波形求出 U 相电流 i_U 的波形。负载的阻抗角 φ 不同，i_U 的波形形状和相位都不同。图 5-7g）给出的是阻感负载下 $\varphi < \frac{\pi}{3}$ 时，i_U 的波形。桥臂 1 和桥臂 4 之间的换流过程和半桥电路相似。上桥臂 1 中的 V_1 从通态转换到断态时，因负载电感中的电流不能突变，下桥臂 4 中的 VD_4 先导通续流，待负载电流降到零，桥臂 4 中电流反间时，V_4 才开始导通。负载阻抗角 φ 越大，VD_4 导通时间就越长。$u_{UN'} > 0$ 即为桥臂 1 导电的区间，其中 $i_U < 0$ 时为 VD_1 导通，$i_U > 0$ 时为 V_1 导通：$u_{UN'} < 0$ 即为桥臂 4 导电的区间，其中 $i_U < 0$ 时为 V_4 导通，$i_U > 0$ 时为 VD_4 导通。

i_V、i_W 的波形和 i_U 形状相同，相位依次相差 120°，把桥臂 1、3、5 的电流加起来，就可得到直流侧电流 i_d 的波形，如图 5-7h）所示。可以看出 i_d 每隔 60°脉动一次，而直流侧电压是基本无脉动的，因此逆变器从交流侧向直流侧传送的功率是脉动的，且脉动的情况和 i_d 脉动情况大体相同。这也是电压型逆变电路的一个特点。

下面对三相桥式逆变电路的输出电压进行定量分析。把输出线电压 u_{UV} 展开成傅里叶级数得：

$$
\begin{aligned}
u_{UV} &= \frac{2\sqrt{3}U_d}{\pi}\left(\sin\omega t - \frac{1}{5}\sin 5\omega t - \frac{1}{7}\sin 7\omega t + \frac{1}{11}\sin 11\omega t + \frac{1}{13}\sin 13\omega t - \cdots\right) \\
&= \frac{2\sqrt{3}U_d}{\pi}\left[\sin\omega t + \sum_n \frac{1}{n}(-1)^k \sin n\omega t\right]
\end{aligned} \tag{5-12}
$$

式中，$n = 6k \pm 1$，k 为自然数。

输出线电压有效值 U_{UV} 为

$$U_{UV} = \sqrt{\frac{1}{2\pi}\int_0^{2\pi} u_{UV}^2 \mathrm{d}\omega t} = 0.816U_d \tag{5-13}$$

基波幅值 U_{UV1m} 和基波有效值 u_{UV1} 分别为

$$U_{UV1m} = \frac{2\sqrt{3}U_d}{\pi} = 1.1U_d \tag{5-14}$$

$$U_{UV1} = \frac{U_{UV1m}}{\sqrt{2}} = \frac{\sqrt{6}U_d}{\pi} = 0.78U_d \quad\quad (5\text{-}15)$$

下面再来对负载相电压 u_{UN} 进行分析。把 u_{UN} 展开成傅里叶级数得

$$u_{UN} = \frac{2U_d}{\pi}\left(\sin\omega t + \frac{1}{5}\sin 5\omega t + \frac{1}{7}\sin 7\omega t + \frac{1}{11}\sin 11\omega t + \frac{1}{13}\sin 13\omega t + \cdots\right)$$

$$= \frac{2U_d}{\pi}\left(\sin\omega t + \sum_n \frac{1}{n}\sin n\omega t\right) \quad\quad (5\text{-}16)$$

式中，$n = 6k \pm 1$，k 为自然数。

负载相电压有效值 U_{UN} 为

$$U_{UN} = \sqrt{\frac{1}{2\pi}\int_0^{2\pi} u_{UN}^2 \mathrm{d}\omega t} = 0.471U_d \quad\quad (5\text{-}17)$$

基波幅值 u_{UN1m} 和基波有效值 U_{UN1} 分别为

$$U_{UN1m} = \frac{2U_d}{\pi} = 0.637U_d \quad\quad (5\text{-}18)$$

$$U_{UN1} = \frac{U_{UN1m}}{\sqrt{2}} = 0.45U_d \qu\quad (5\text{-}19)$$

在上述 180°导电方式逆变器中，为了防止同一相上下两桥臂的开关器件同时导通而引起直流侧电源短路，要采取"先断后通"的方法。即先给应关断的器件关断信号，待其关断后留一定的时间裕量，然后再给应导通的器件发出开通信号，即在两者之间留一个短暂的死区时间。死区时间的长短要视器件的开关速度而定，器件的开关速度越快，所留的死区时间就可以越短。这一"先断后通"的方法对于工作在上下桥臂通断互补方式下的其他电路也是适用的。显然，前述的单相半桥和全桥逆变电路也必须采取这一方法。

【例 5-1】 三相桥式电压型逆变电路，180°导电方式。$U_d = 200\text{ V}$。试求输出相电压的基波幅值 U_{UN1m} 和基波有效值 U_{UN1}、输出线电压的基波幅值 U_{UV1m} 和基波有效值 U_{UV1}、输出线电压中 7 次谐波的有效值 U_{UV7}。

解：
$$U_{UN1} = \frac{U_{UN1m}}{\sqrt{2}} = 0.45U_d = 0.45 \times 200\text{ V} = 90\text{ V}$$

$$U_{UN1m} = \frac{2U_d}{\pi} = 0.637U_d = 0.637 \times 200\text{ V} = 127.4\text{ V}$$

$$U_{UV1m} = \frac{2\sqrt{3}U_d}{\pi} = 1.1U_d = 1.1 \times 200\text{ V} = 220\text{ V}$$

$$U_{UV1} = \frac{U_{UV1m}}{\sqrt{2}} = \frac{\sqrt{6}U_d}{\pi} = 0.78U_d = 0.78 \times 200\text{ V} = 156\text{ V}$$

$$U_{UV7} = \frac{U_{UV1}}{7} = \frac{\sqrt{6}U_d}{7\pi} = 0.11U_d = 0.11 \times 200\text{ V} = 22\text{ V}$$

电压型逆变电路的主要特点：

（1）由于直流电压源的恒压作用、交流侧电压波形为矩形波，与负载阻抗角无关，而交流侧电流波形及其相位因负载阻抗角的不同而异。

（2）当交流侧为电感性负载时，需要提供无功功率，直流侧电容起缓冲无功能量的作用。为了给交流侧向直流侧反馈的能量提供通路，各臂都需并联反馈二极管。

（3）逆变电路从直流侧向交流侧传送的功率是脉动的，因直流电压无脉动，必然由直流电流的脉动影响功率的脉动。

5.3 电流型逆变电路

如前所述，直流电源为电流源的逆变电路称为电流型逆交电路。实际上理想直流源并不多见，一般是在逆变电路直流侧串联一个大电感，因为大电感中的电流脉动很小，因此可近似看成直流电流源。

电流型逆变器的特征是直流中间环节用电感作为储能元件，这种逆变器能量的再生运行非常方便。由于有大电感抑流，短路的危险性也比电压型逆变器小得多。电路对开关器件关断时间的要求比电压型逆变器的要求低，电路相对电压型也较简单，造价略低。因此在大容量的逆变器中，电流型逆变器仍占有一定地位。但电流型逆变器在换流过程中，感性负载电流会引起换流电容电压的较大升高，要求开关器件耐压也相应加强。此外，逆变器的参数与电动机的参数（主要是绕组的电感）关系较大，两者往往需要联系起来选配。上述这些缺点又限制了它的广泛应用。

5.3.1 单相电流型逆变器

单相桥式电流型逆变器的结构如图 5-8 所示，是一种典型的并联谐振式逆变器（Parallel Resonant Inverter），常用在感应加热中。其中 LC 电路中的电阻都应满足 $R<2\sqrt{L/C}$ 的谐振条件。图中 L 为感应加热线圈，负载回路由感应线圈 L 和补偿电容器 C 并联组成，图中 R 和 L 串联即为感应线圈的等效电路。因为功率因数很低，故并联补偿电容 C，电容 C 和 L、R 构成并联谐振电路，故这种逆变电路也被称为并联谐振式逆变电路。

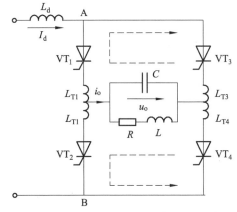

图 5-8　并联谐振式（单相桥式电流型）逆变电路

图 5-8 中每个桥臂的晶闸管各串联一个电抗器 L_T，用来扼制换流时过大的 $\mathrm{d}i/\mathrm{d}t$，以改善晶闸管的工作。

该电路采用负载换流的方式，则要求负载电流略超前于负载电压，即负载呈容性。补偿电容器不仅用来补偿负载 L 的感性无功功率，而且使负载过补偿，结果负载电流 i_L 超前负载电压 u_L 一个超前角 φ，如图 5-9 所示。当应退出工作的晶闸管电流已下降到零时，负载电压仍未反向，从而使该晶闸管承受一定时间的反向电压而可靠地关断，使负载电路总体上工作在容性小失谐的情况下。

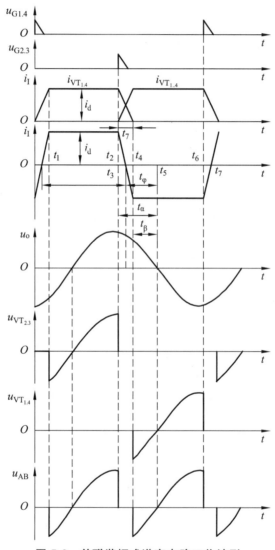

图 5-9   并联谐振式逆变电路工作波形

因为是电流型逆变电路，故其交流输出电流波形接近矩形波，其中包含基波和奇次谐波，且谐波幅值远小于基波。因基波频率接近负载电路谐振频率，故负载电路对基波呈高阻态，而对谐波呈低阻态，谐波在负载电路上产生的压降很小，因此负载电压的波形接近正弦波。

图 5-9 是该电路的工作波形。在交流电流的一个周期内，有两个稳定导通阶段和两个换流阶段。

$t_1 \sim t_2$ 为晶闸管 VT_1 和 VT_4 稳定导通阶段，负载电流 $i_o = I_d$，近似为恒值，t_2 时刻之前在电容 C 上，即负载上建立了左正右负的电压。

在 t_2 时刻触发晶闸管 VT_2 和 VT_3，因在 t_2 时刻之前 VT_2 和 VT_3 的阳极电压等于负载电压，为正值，故 VT_2 和 VT_3 开通，开始进入换流阶段。由于每个晶闸管都串有换流电抗器，故 VT_1 和 VT_4 在 t_2 时刻不能立刻关断，其电流有一个减小的过程。同样，VT_2 和 VT_3 的电流也有一个增大的过程。t_2 时刻之后，4 个晶闸管全部导通，负载电容电压经两个并联的放电回路同时放电。如图 5-9 中虚线所示，使 VT_1 和 VT_4 中的电流随着振荡放电电流的增长而衰减。VT_2 和 VT_3 中的电流逐渐增大。当 t_4 时刻，VT_1 和 VT_4 中的电流减小为零而关断，直流侧电流 I_d 全部从 VT_1、VT_4 转移到 VT_2、VT_3，换流阶段结束，$t_4 - t_2 = t_\gamma$ 称为换流时间。因为负载电流 $i_o = i_{VT1} - i_{VT2}$，所以 i_o 在 t_3 时刻，即 $i_{VT1} = i_{VT2}$ 时刻过零，t_3 时刻大体位于 t_2 和 t_4 的中点。

晶闸管在电流减小到零后，尚需一段时间才能恢复正向阻断能力。因此，在 t_4 时刻换流结束后，还要使 VT_1、VT_4 承受一段反压时间 t_β 才能保证其可靠关断。$t_\beta = t_5 - t_4$ 应大于晶闸管的关断时间 t_q。如果 VT_1、VT_4 尚未恢复阻断能力就被加上正向电压，将会重新导通，使逆变失败。

为了保证可靠换流，应在负载电压 u_o 过零前 $t_\sigma = t_5 - t_2$ 时刻去触发 VT_2、VT_3。t_σ 称为触发引前时间，从图 5-9 可以看出：

$$t_\sigma = t_\gamma + t_\beta \tag{5-20}$$

负载电流 i_o 超前于负载电压 u_o 的时间 t_φ：

$$t_\varphi = \frac{t_\gamma}{2} + t_\beta \tag{5-21}$$

把 t_φ 表示为电角度可得

$$\varphi = \omega \left(\frac{t_\gamma}{2} + t_\beta \right) = \frac{\gamma}{2} + \beta \tag{5-22}$$

式中，ω 为电路工作角频率；γ、β 分别是 t_γ、t_β 对应的电角度。φ 也就是负载的功率因数角。

图 5-9 中 $t_4 \sim t_6$ 是 VT_2、VT_3 的稳定导通阶段。t_6 以后又进入从 VT_2、VT_3 导通向 VT_1、VT_4 导通的换流阶段，其过程和前面的分析类似。

晶闸管的触发脉冲 $u_{G1} \sim u_{G4}$，晶闸管承受的电压 $u_{VT1} \sim u_{VT4}$ 以及 A、B 间的电压 u_{AB} 也都如图 5-9 所示。在换流过程中，上下桥臂的 L_T 上的电压极性相反，如果不考虑晶闸管管压降，则 $u_{AB} = 0$。可以看出，u_{AB} 的脉动频率为交流输出电压频率的两倍。在 u_{AB} 为负的部分，逆变电路从直流电源吸收的能量为负，即补偿电容 C 的能量向直流电源反馈。这实际上反映了负载和直流电源之间无功能量的交换。在直流侧，L_d 起到缓冲这种无功能量的作用。

如果忽略换流过程，i_o 可近似看成矩形波。展开成傅里叶级数可得：

$$i_o = \frac{4I_d}{\pi}\left(\sin\omega t + \frac{1}{3}\sin 3\omega t + \frac{1}{5}\sin 5\omega t + \cdots\right) \tag{5-23}$$

其基波电流有效值 I_{o1} 为

$$I_{o1} = \frac{4I_d}{\pi} = 0.9I_d \tag{5-24}$$

下面再来看负载电压有效值 U_o 和直流电压 U_d 的关系。如果忽略电抗器 L_d 的损耗，则 u_{AB} 的平均值应等于 U_d。再忽略晶闸管压降，则从图 5-9 的 u_{AB} 波形可得：

$$U_d = \frac{1}{\pi}\int_{-\beta}^{\pi-(\gamma+\beta)} u_{AB}\mathrm{d}\omega t$$

$$= \frac{1}{\pi}\int_{-\beta}^{\pi-(\gamma+\beta)} \sqrt{2}U_o\sin\omega t\mathrm{d}\omega t$$

$$= \frac{\sqrt{2}U_o}{\pi}\left[\cos(\beta+\gamma)+\cos\beta\right]$$

$$= \frac{2\sqrt{2}U_o}{\pi}\left[\cos\left(\beta+\frac{\gamma}{2}\right)\cos\frac{\gamma}{2}\right] \tag{5-25}$$

一般情况下 γ 值较小，可近似认为 $\cos\frac{\gamma}{2}\approx 1$，再考虑式（5-22）可得

$$U_d = \frac{2\sqrt{2}U_o}{\pi}\cos\varphi \quad \text{或} \quad U_o = \frac{\pi U_d}{2\sqrt{2}\cos\varphi} \tag{5-26}$$

在上述讨论中，为简化分析，认为负载参数不变，逆变电路的工作频率也是固定的。实际上在中频加热和钢料熔化过程中，感应线圈的参数是随时间而变化的，固定的工作频率无法保证晶闸管的反压时间 t_β 大于关断时间 t_q，可能导致逆变失败。为了保证电路正常工作，必须使工作频率能适应负载的变化而自动调整。这种控制方式称为自励方式，即逆变电路的触发信号取自负载端，其工作频率受负载谐振频率的控制而比后者高一个适当的值。与自励式相对应，固定工作频率的控制方式称为他励方式。自励方式存在着启动的问题，因为在系统未投入运行时，负载端没有输出，无法取出信号。解决这一问题的方法之一是先用他励方式，系统开始工作后再转入自励方式。另一种方法是附加预充电启动电路，即预先给电容器充电，启动时将电容能量释放到负载上，形成衰减振荡，检测出振荡信号实现自励。

5.3.2 三相电流型逆变器

图 5-10 为典型的三相电流型逆变电路，图中的 GTO 使用反向阻断型器件。假如使用反向导电型 GTO，必须给每个 GTO 串联二极管以承受反向电压。图中的交流侧电容器是为吸收换流时负载电感中存储的能量而设置的，是电流型逆变电路的必要组成部分。

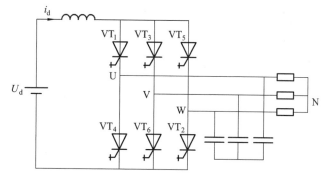

图 5-10　电流型三相桥式逆变电路

这种电路的基本工作方式是 120°导电方式。即每个臂一周期内导电 120°，按 VT₁ 到 VT₆ 的顺序每隔 60°依次导通。这样，每个时刻上桥臂组的三个臂和下桥臂组的三个臂都各有一个臂导通。换流时，是在上桥臂组或下桥臂组的组内依次换流，为横向换流。

像画电压型逆变电路波形时先画电压波形一样，画电流型逆变电路波形时，总是先画电流波形。因为输出交流电流波形和负载性质无关，是正负脉冲宽度各为 120°的矩形波。图 5-11 给出了逆变电路的三相输出交流电流波形及线电压 u_{UV} 的波形。输出电电流波形和三相桥式可控整流电路在大电感负载下的交流输入电流波形形状相同。因此，它们的谐波分析表达式也相同。输出线电压波形和负载性质有关，图 5-11 给出的波形大体为正弦波，但叠加了一些脉冲，这是由于逆变器中的换流过程而产生的。

输出交流电流的基波有效值 I_{U1} 和直流电流 I_d 的关系为：

$$I_{U1} = \frac{\sqrt{6}}{\pi} I_d = 0.78 I_d \tag{5-27}$$

和电压型三相桥式逆变电路中求出线电压有效值的式（5-15）相比，因两者波形形状相同，所以两个公式的系数相同。

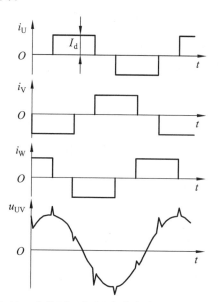

图 5-11　电流型三相桥式逆变电路的输出波形

电流型逆变电路有以下主要特点：

（1）直流侧串联有大电感，相当于电流源。直流侧电流基本无脉动，直流回路呈现高阻抗。

（2）电路中开关器件的作用仅是改变直流电流的流通路径，因此交流侧输出电流为矩形波，并且与负载阻抗角无关。而交流侧输出电压波形和相位则因负载阻抗情况的不同而不同。

（3）当交流侧为阻感负载时需要提供无功功率，直流侧电感起缓冲无功能量的作用。因为反馈无功能量时直流电流并不反向，因此不必像电压型逆变电路那样要给开关器件反并联二极管。

5.4　多重逆变电路和多电平逆变电路

在本章所介绍的逆变电路中，对电压型电路来说，输出电压是矩形波；对电流型电路来说，输出电流是矩形波。矩形波中含有较多的谐波，对负载会产生不利影响。为了减少矩形波中所含的谐波，常常采用多重逆变电路把几个矩形波组合起来，使之成为接近正弦波的波形。也可以改变电路结构，构成多电平逆变电路，它能够输出较多的电平，从而使输出电压向正弦波靠近。下面就这两类电路分别加以介绍。

5.4.1　多重逆变电路

电压型逆变电路和电流型逆变电路都可以实现多重化。下面以电压型逆变电路为例说明逆变电路多重化的基本原理。

图 5-12 是二重单相电压型逆变电路原理图，它由两个单相全桥逆变电路组成，二者输出通过变压器 T_1 和 T_2 串联起来。图 5-13 是电路的输出波形。

两个单相逆变电路的输出电压 u_1 和 u_2 都是导通 180° 的矩形波，其中包含所有的奇次谐波。

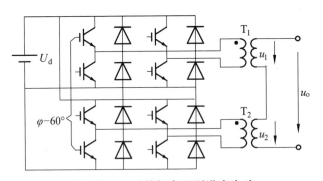

图 5-12　二重单相电压型逆变电路

现在只考查其中的 3 次谐波。如图 5-13 所示，把两个单相逆变电路导通的相位错开 $\varphi = 60°$，则对于 u_1 和 u_2 中的 3 次谐波来说，它们错开了 $3 \times 60° = 180°$。通过变压器串联合成后，两者中所含 3 次谐波互相抵消，得到的总输出电压中则不含 3 次谐波。从图 5-13 可以看出，u_0 的波形是导通 120° 的矩形波，和三相桥式逆变电路 180° 导通方式下的线电压输出波形相同。其中只含 $6k \pm 1$ ($k = 1$，2，3···) 次谐波，$3k$ ($k = 1$，2，3) 次谐波都被抵消了。

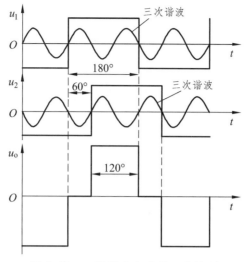

图 5-13　二重逆变电路的工作波形

像上面这样，把若干个逆变电路的输出按一定的相位差组合起来，使它们所含的某些主要谐波分量相互抵消，就可以得到较为接近正弦波的波形。

从电路输出的合成方式来看，多重逆变电路有串联多重和并联多重两种方式。串联多重是把几个逆变电路的输出串联起来，电压型逆变电路多用串联多重方式；并联多重是把几个逆变电路的输出并联起来，电流型逆变电路多用并联多重方式。

下面介绍三相电压型二重逆变电路的工作原理。图 5-12 给出了电路基本构成。该电路由两个三相桥式逆变电路构成，其输入直流电源公用，输出电压通过变压器 T_1 和 T_2 串联合成。两个逆变电路均为 180°导通方式，这样它们各自的输出线电压都是 120°矩形波。工作时，使逆变桥 II 的相位比逆变桥 I 滞后 30°。变压器 T_1 和 T_2 在同一水平上画的绕组是绕在同一铁心柱上的。T_1 为 D/Y 联结，线电压电压比为 $1:\sqrt{3}$（一次和二次绕组匝数相等）。变压器 T_2 一次侧也是三角形联结，但二次侧有两个绕组，采用曲折星形接法，即一相的绕组和另一相的绕组串联而构成星形，同时使其二次电压相对于一次电压而言，比 T_1 的接法超前 30°，以抵消逆变桥 II 比逆变桥 I 滞后的 30°。这样，u_{U2} 和 u_{U1} 的基波相位就相同。如果 T_1 和 T_2 一次侧匝数相同，为了使 u_{U2} 和 u_{U1} 的基波幅值相同，T_2 和 T_1 二次侧的匝数比就应该是 $1:\sqrt{3}$。T_1、T_2 二次侧基波电压合成情况的相量图如图 5-14 所示。图中 u_{A1}、u_{A21}、u_{B22} 分别是变压器绕组 A_1、A_{21}、B_{22} 上基波电压相量。

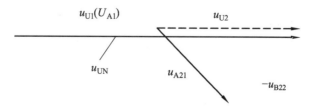

图 5-14　二次侧基波电压合成相量图

图 5-15 给出了 $u_{U1}(u_{A1})$、u_{A21}、$-u_{B22}$、u_{U2} 和 u_{UN} 的波形。

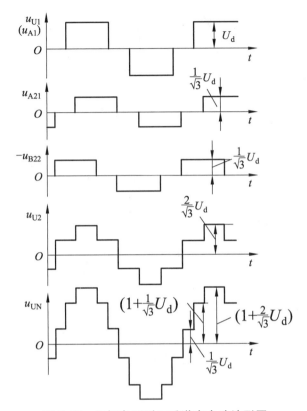

图 5-15　三相电压型二重逆变电路波形图

由图 5-15 可以看出：u_{UN} 比 u_{U1} 接近正弦波。

5.4.2　多电平逆变电路

先来回顾一下图 5-6 的三相电压型桥式逆变电路和图 5-7 的该电路波形。以直流侧中点 N′ 为参考点，对于 U 相来说，当桥臂 1 导通时，$u_{UN'} = \dfrac{U_d}{2}$，当桥臂 4 导通时，$u_{UN'} = -\dfrac{U_d}{2}$，V、W 两相类似。可以看出，电路的输出相电压有 $\dfrac{U_d}{2}$ 和 $-\dfrac{U_d}{2}$ 两种电平。这种电路称为两电平逆变电路。

如果能使逆变电路的相电压输出更多电平，就可以使其波形更接近正弦波。图 5-16 就是一种三电平逆变电路。这种电路也称为中点钳位型（Neutral point Clamped） 逆变电变电路，下面简要分析其工作原理。

该电路的每个桥臂由两个全控型器件串联构成，两个器件都反并联了二极管。两个串联器件的中点通过钳位二极管和直流侧电容的中点相连接。例如，U 相的上下两桥臂分别通过钳位二极管 VD_1 和 VD_4 与 O′ 点相连接。

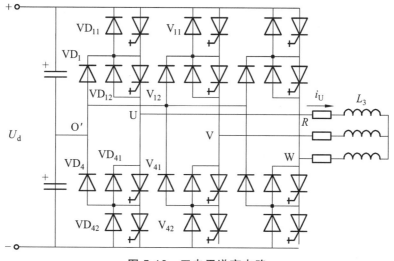

图 5-16　三电平逆变电路

以 U 相为例,当 V_{11} 和 V_{12}（或 VD_{11} 和 VD_{12}）导通, V_{41} 和 V_{42} 关断时, U 点和 O′点电位差为 $\frac{U_d}{2}$;当 V_{41} 和 V_{42}（或 VD_{41} 和 VD_{42}）导通, V_{11} 和 V_{12} 关断时, U 点和 O′点电位差为 $-\frac{U_d}{2}$, V_{41} 和 V_{12} 导通, V_{11} 和 V_{42} 关断时, U 点和 O′点电位差为 0。实际上在最后一种情况下, V_{41} 和 V_{12} 不可能同时导通,哪一个导通取决于负载电流 i_U 的方向。按图 5-16 所规定的方向, $i_U > 0$ 时, V_{12} 和钳位二极管 VD_1 导通; $i_U < 0$ 时, V_{41} 和钳位二极管 VD_4 导通。即通过钳位二极管 VD_1 或 VD_4 的导通把 U 点电位钳位在 O′点电位上。

通过相电压之间的相减可得到线电压。两电平逆变电路的输出线电压共有 $\pm U_d$ 和 0 三种电平,而三电平逆变电路的输出线电压则有 $\pm U_d$、$\pm U_d / 2$ 和 0 五种电平。因此,通过适当的控制,三电平逆变电路输出电压谐波可大大少于两电平逆变电路。

三电平逆变电路还有一个突出的优点就是每个主开关器件关断时所承受的电压仅为直流侧电压的一半。因此,这种电路特别适合于高压大容量的应用场合。

用与三电平电路类似的方法,还可构成五电平、七电平等更多电平的电路。三电平及更多电平的逆变电路统称为多电平逆变电路。

5.5　项目六　1 kW 单相逆变器

5.5.1　逆变器介绍

逆变器是将直流电变换为交流电,在变换中,通过控制开关管的开通与关断,在逆变器输出桥臂的中点即可获得高频的方波。高频方波经过低通滤波器的处理即可得到正弦变化的波形,输出交变的正弦波,供给交流负载。关于逆变电路的基本原理与工作分析,本章有系统的讲解。

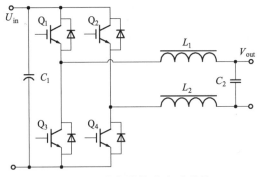

图 5-17 逆变器基本电路结构

在本项目中，输入为三相 180 VAC，经过三相桥式不控整流电路，变换为 420 V 左右的直流电。经过中间直流回路的电容储能、滤波处理后，接入单相全桥逆变电路，即四个开关管配合交替工作。可分为高频开关的桥臂与工频开关的桥臂。在逆变两组桥臂中心点之间接入低通滤波的 LC 滤波电路，即可在交流输出端获得正弦变化的交流电。

本项目具体实现技术指标：

输入：三相交流 180 VAC/50 Hz

输出电压：230 VAC

输出电流平均值：4.5 A

5.5.2　逆变器设计

本项目中逆变器由控制系统电路、辅助供电系统、IGBT 驱动电路、逆变器主电路等部分组成。每部分电路基本原理、所实现的功能性能均较为独立。

控制系统电路主要由微处理器 MCU（单片机或 DSP）、外围电路、模拟量采集及调理电路、数字信号调理电路等构成。其中 MCU 除过硬件的基本电路之外，还要结合逆变器系统实现的功能、性能及进行 SPWM 的控制需求，进行必要的软件设计。

辅助供电系统电路是为逆变器系统提供必需的电源，逆变器工作必要的控制器、数字处理芯片、运算放大器、各类传感器等均需提供固定的电源才能正常工作。基于逆变器整体电路中各个数字、模拟处理芯片，传感器的耗电需求，设计辅助供电。本项目中提供 + 15 V/1 A、– 15 V/1 A、24 V/1 A 的电源。

IGBT 驱动电路为逆变器中功率开关管 IGBT 提供可靠开通、关断的驱动。驱动电路包含 SPWM 信号的处理、开通与关断的电源、隔离电源等部分。驱动电路从控制电路中获得的 SPWM 信号，进行功率放大、隔离处理等，控制 IGBT 的开关动作。

本逆变器主电路包括三相交流输入的 EMI 处理、三相不控整流、直流滤波处理、单相桥式逆变电路、LC 低通滤波器等部分。EMI 主要作用是对输入电源进行必要的滤波处理，防止外电路影响逆变器或逆变器影响外电路。三相不控整流电路实现三相交流电到直流电的变换，直流滤波对直流侧的直流电进行滤波，单相桥式逆变电路主要实现直流到交流的变换，通过四个 IGBT 实现直交的变换。低通滤波器是通过 LC 形成的滤波电路对高频的方波进行滤波处理，从而获得光滑的正弦交流电。其主电路原理图、辅助供电原理图、辅助供电控制系统、辅助供电反馈回路、控制系统电路分别如图 5-18 ~ 图 5-22 所示。

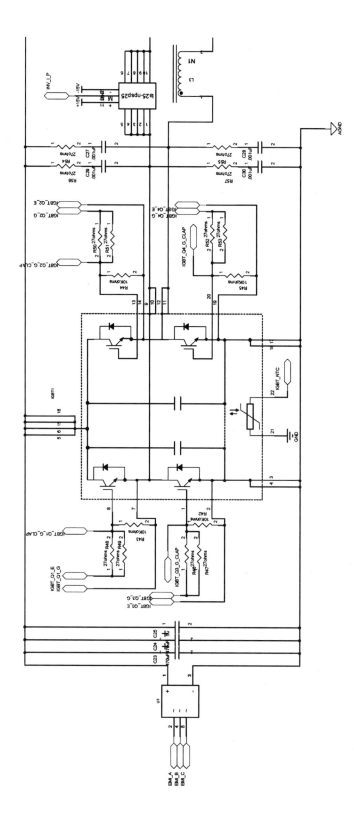

图 5-18 逆变器主电路原理图

137

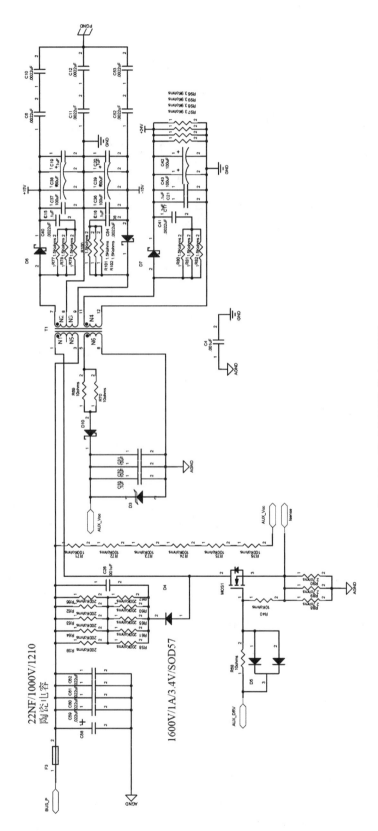

图 5-19 逆变器辅助供电原理图

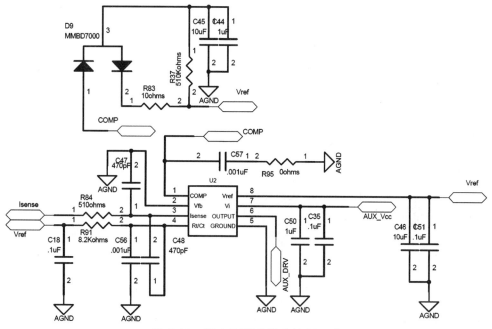

图 5-20 逆变器辅助供电控制系统

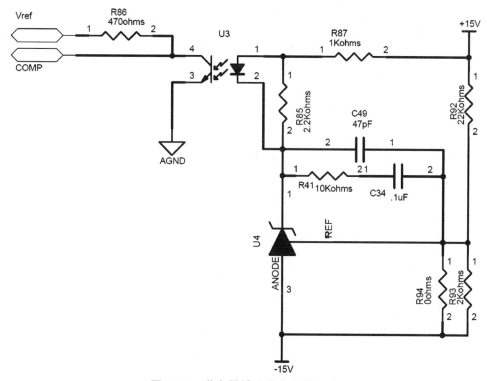

图 5-21 逆变器辅助供电反馈回路

深入分析该项目实现的技术指标参数，对逆变器的控制系统、辅助供电、驱动电路、主电路等功能模块进行原理图设计及 PCB 设计。在设计中结合系统及分模块的要求，最终获得实现逆变功能的四个部分的 PCB。同时，进行标准器件的选型，电感、变压器的设计等。

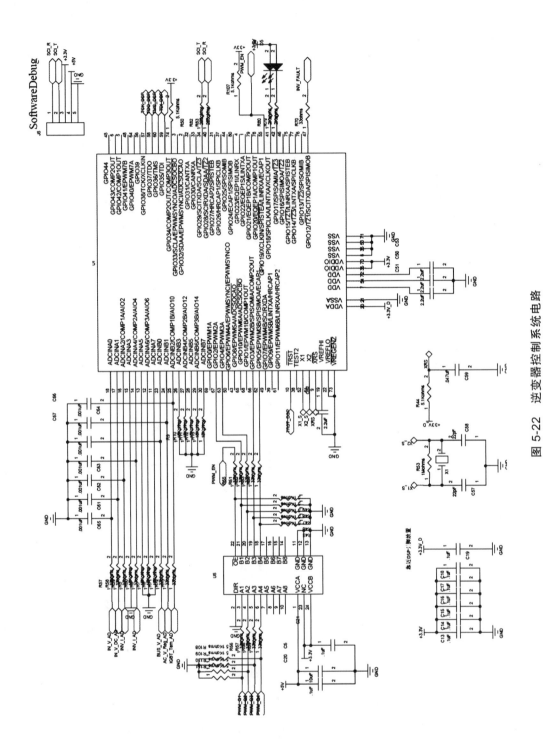

图 5-22 逆变器控制系统电路

表 5-1　逆变器原理图器件清单

序号	厂家型号	项目描述	厂家	数量	位号
1	BAT54C	/30 V/0.2 A/0.6 V/SOT23	ON 或 NXP	1	D_5
2	CC0603KRX7R8B B104	Chip Ceramic Capacitor, 25 V, 0.1uF, 10%, X7R, 0603	国巨	1	C_{51}
3	CC0603KRX7R9B B102	Chip Capacitor, 50 V/1nF/10%/X7R/0603	国巨	1	C_{56}
4	CC0603KRX7R9B B104	Chip Capacitor, 50 V/0.1uF/10%/X7R/0603	国巨	3	C_{33}, C_{34}, C_{35}
5	CC0805JRNPO9B N470	Chip Capacitor, 50 V, 47pF, 5%, NPO, 0805	国巨	1	C_{49}
6	CC0805JRX7RYB B222	Chip Capacitor, 250 V/2.2 nF/10%/X7R/0805	国巨	3	C_{40}, C_{41}, C_{54}
7	CC0805KRX7R8B B105	Chip Capacitor, /25 V/1uF/10%/X7R/0805	国巨	1	C_{44}
8	CC0805KRX7R9B B102	Chip Capacitor, 50 V, 1nF, 10%,, X7R, 0805	国巨	1	C_{57}
9	CC0805KRX7R9B B104	Chip Capacitor, /50 V/0.1uF/10%/X7R/0805	国巨	9	C_{13}, C_{14}, C_{15}, C_{16}, C_{17}, C_{18}, C_{19}, C_{20}, C_{21}
10	CC0805KRX7R9B B471	Chip Capacitor, 50 V, 470 pF, 10%, X7R, 0805	国巨	2	C_{47}, C_{48}
11	CC1206KKX7RCB B102	Chip Capacitor, 1000 V/1nF/10%/X7R/1206	国巨	5	C_{26}, C_{27}, C_{28}, C_{29}, C_{30}
12	CC1206KKX7RCB B222	Chip Capacitor, /1000 V/2.2nF/10%/X7R/1206	国巨	6	C_6, C_{10}, C_{11}, C_{12}, C_{52}, C_{53}
13	CC1206KRX5R8B B106	Chip Capacitor, /25 V/10 uF/10%/X5R/1206	国巨	2	C_{31}, C_{32}
14	CC1210KKX7R8B B106	Chip Capacitor, /25 V/10 uF/10%/X7R/1210	国巨	2	C_{45}, C_{46}
15	CC1210KKX7R9B B105	Chip Capacitor, /50 V/1uF/10%/X7R/1210	国巨	1	C_{50}
16	EMZA350ADA101 MF80G	Aluminum Electrolytic Capacitor, /35 V/100 uF/20%/105/2000 h/6.3*7.7	NCC	6	C_{36}, C_{37}, C_{38}, C_{39}, C_{42}, C_{43}
17	FQPF6N90C	N Cannel MOS Tube/900 V/6 A/ （RDS）2om/TO220	ST	1	MOS1
18	J1125-02M-2213	2.54/7.6/3 A/2P	南士科技	1	J_4
19	LTV816S-C	D$General Optocoupler, LTV816, Single Channels, CTR200%～400%@If＝5 mA, 25 ℃, 5000 V, GW4, UL＋EU, ROHS	LiteON	1	U_3
20	MMBD7000	Switching Diodes, /70 V/0.2 A/1.25 V/SOT23	Vishay	1	D_9
21	MMSZ4705T1G	18 V/5%/0.5 W/SOD123	ON	3	D_1, D_2, D_3
22	MURS220T3G	Diodes, /200 V/2 A/0.95 V/Trr35 nS/SMB	ON	1	D_{10}

序号	厂家型号	项目描述	厂家	数量	位号
23	MURS320T3G	Schottky Diode, /200 V/3 A/1.25 V/Trr75 nS/SMC	ON	3	D_6, D_7, D_8
24	RC0603FR-078k2L	ChipResistor, 8.2 kΩ/1%/0.125 W/0603	国巨	1	R_{91}
25	RC0805FR-071kL	ChipResistor, 1 kΩ/1%/0.125 W/0805	国巨	1	R_{87}
26	RC0805FR-072KL	ChipResistor, 2 kΩ/1%/0.125 W/0805	国巨	1	R_{93}
27	RC0805FR-072k2L	ChipResistor, 2.2 kΩ/1%/0.125 W/0805	国巨	1	R_{85}
28	RC0805FR-0710KL	ChipResistor, 10 kΩ/1%/0.125 W/0805	国巨	8	R_{38}, R_{39}, R_{40}, R_{41}, R_{42}, R_{43}, R_{44}, R_{45}
29	RC0805FR-0710RL	Chip Resistor, 10 Ω/1%/0.125 W/0805	国巨	1	R_{83}
30	RC0805FR-0722KL	ChipResistor, 22 kΩ/1%/0.125 W/0805	国巨	1	R_{92}
31	RC0805FR-07470RL	ChipResistor, 470 Ω/1%/0.125 W/0805	国巨	1	R_{86}
32	RC0805FR-07510KL	ChipResistor, 510 kΩ/1%/0.125 W/0805	国巨	37	R_1, R_2, R_3, R_4, R_5, R_6, R_7, R_8, R_9, R_{10}, R_{11}, R_{12}, R_{13}, R_{14}, R_{15}, R_{16}, R_{17}, R_{18}, R_{19}, R_{20}, R_{21}, R_{22}, R_{23}, R_{24}, R_{25}, R_{26}, R_{27}, R_{28}, R_{29}, R_{30}, R_{31}, R_{32}, $R33$, R_{34}, R_{35}, R_{36}, R_{37}
33	RC0805FR-07510R	ChipResistor, 510 Ω/1%/0.125 W/0805	国巨	1	R_{84}
34	RC0805JR-070RL	ChipResistor, 0 Ω/5%/0.125 W/0805	国巨	2	R_{94}, R_{95}
35	RC1206FR-071K5L	ChipResistor, 1.5 kΩ/1%/0.25 W/1206	国巨	9	R_{77}, R_{78}, R_{79}, R_{80}, R_{81}, R_{82}, R_{100}, R_{101}, R_{102}
36	RC1206FR-073K9L	ChipResistor, 3.9 kΩ/1%/0.25 W/1206	国巨	4	R_{96}, R_{97}, R_{98}, R_{99}
37	RC1206FR-0710RL	ChipResistor, 10 Ω/1%/0.25 W/1206	国巨	3	R_{68}, R_{69}, R_{70}
38	RC1206FR-0727RL	ChipResistor, 27 Ω/1%/0.25 W/1206	国巨	12	R_{46}, R_{47}, R_{48}, R_{49}, R_{50}, R_{51}, R_{52}, R_{53}, R_{54}, R_{55}, R_{56}, R_{57}
39	RC1206FR-07100KL	ChipResistor, 100 kΩ/1%/0.25 W/1206	国巨	6	R_{71}, R_{72}, R_{73}, R_{74}, R_{75}, R_{76}
40	RC1206FR-07200KL	ChipResistor, 200 kΩ/1%/0.25 W/1206	国巨	10	R_{58}, R_{59}, R_{60}, R_{61}, R_{62}, R_{63}, R_{64}, R_{65}, R_{66}, R_{67}
41	RC1210FR-072R7L	ChipResistor, 2.7 Ω/1%/0.33 W/1210	国巨	3	R_{88}, R_{89}, R_{90}

序号	厂家型号	项目描述	厂家	数量	位号
42	SF1600-TAP	B$Fast Recovery Diodes，/1600 V/1 A/3.4 V/SOD57	Vishay	1	D_4
43	TL431BIDBZ	Voltage Reference，2.5 V，0.5%，SOP23	TI	1	U_4
44	UC2844BD1	UC2844PWM controller	TI	1	U_2
45	VY1102M35Y5UQ 63V0	1nF/Y1 500VAC/X1 760VAC/P = 10 mm	Vishay	1	C_4
46	VY1472M63Y5UQ 63V0	4.7nF/Y1 500VAC/X1 760VAC/10 mm	Vishay	3	C_1，C_2，C_3
47	5A350V	5A350V	Littlefuse	3	F_1，F_2，F_3
48	59471E3	59471E3	厦门法拉	2	C_{23}，C_{24}
49	B72214P2381K101 -TDK	B72214P2381K101-TDK	TDK	3	RV_1，RV_2，RV_3
50	B88069X2180S102	B88069X2180S102	TDK	1	G_1
51	C3D2H505 + B00	C3D2H505 + B00	厦门法拉	1	C_{25}
52	C4BR2105-90	C4BR2105-90	厦门法拉	3	C_7，C_8，C_9
53	C6AE2475-F00	C6AE2475-F00	厦门法拉	1	C_{22}
54	CC1210KFX7RCB B223	CC1210KFX7RCBB223	国巨	4	C_{59}，C_{60}，C_{61}，C_{62}
55	la 25-np sp25	la 25-np sp25	LEM	1	SEN1
56	UCY2H330MHD3	UCY2H330MHD3	Vishay	1	C_{58}
57	HL33TG-XX	HL33TG-XX	金之川	2	L_2，L_3
58	HL25R-XX	HL25R-XX	金之川	1	L_1
59	VS-36MT800	VS-36MT800	Vishay	1	U_1
60	10-FZ074PA050SM -L624F08x-T1-14	10-FZ074PA050SM-L624F08x-T1-14	Vincotech	1	IGBT1
61	JC_BDK28	JC_BDK28	金之川	1	T_1
62	INV_Control	INV_Control	金之川	1	J_3
63	驱动板	/	/	2	J_1，J_2

5.5.3 逆变电路焊接与调试

由上节对逆变器相关电路的 PCB 设计结果，进行 PCB 制作及器件采购打样。拿到 PCB 及器件后，可进行焊接工作。逆变器系统总共四个独立的模块，焊接时可分模块进行。没独立模块焊接时也要根据 PCB 板的元器件分布情况来进行。

首先，选择焊接器件体积较小的 SMD 贴片器件，以 SMD 电阻、电容为主；再进行体积稍大的贴片器件或体积稍小的 DIP 插件器件，以集成 IC、插装小体积电阻、电容等为主；最后进行大体积的 DIP 插装器件，大电解电容，电感、IGBT、MOSFET 等器件的焊接。

焊接完成后即可启动调试。逆变器有四个独立的系统，调试也可按此独立模块分别进行。

1. 控制电路调试

逆变器控制电路从内部原理结构来看可分为电源部分电路、MCU 最小系统电路、数字信号处理电路、模拟信号调理电路等部分。因此，调试也按照这几部分独立的功能电路模块来进行。

为控制电路输入规定电源（±15 V），用示波器观察 PCB 内部各个供电电压是否正常，5 V、数字 3.3 V、模拟 3.3 V 等，发现异常依次排除直至 PCB 供电正常。PCB 供电正常后，为 MCU 烧录测试程序，用示波器检测 SPWM 信号是否正常。利用信号发生器模拟数字信号与模拟信号，输入控制电路，利用仿真器读取 MCU 内部寄存器的数值的方法，来确定 MCU 对数字信号、模拟信号处理的结果是否正确，进而判断各数字、模拟信号调理电路是否正常。

2. 逆变器辅助供电

该逆变器辅助供电是将直流 400 V 变换为 + 15 V、 − 15 V、24 V 三路。采用隔离式的反激拓扑结构，利用 PWM 控制器 UC2844 实现辅助供电闭环控制。辅助供电的调试同样从控制电路、功率变换部分，最后结合控制部分与功率部分实现完整的变换。在调试中逐一排除异常与故障，直到得到正常的输出为止。

3. IGBT 驱动电路

驱动电路主要功能是将逆变电路控制器的 SPWM 信号进行功率放大，送给 IGBT 实现其可靠的开通与关断。从实现的功能上，调试可按照 SPWM 信号调理电路、振荡电路、隔离电源电路、驱动输出电路等。调试时，逐一排查所有异常，直到驱动电路能够实现基本功能。

4. 逆变器主电路

逆变器主电路包括三相输入 EMI 电路、三相不控整流、直流滤波储能及全桥式逆变电路。在控制电路、辅助供电及驱动电路正常的情况下，为控制电路 MCU 烧录 SPWM 不发波的程序。在输入端加入三相交流电，相电压 180 VAC，用示波器检测直流电电压是否在 420 V 左右。同时，检测辅助供电的 + 15 V、 − 15 V、24 V 等是否输出正常。如果正常，即可将烧录正常的程序。输入正常后，在输出侧即可获得正弦变化的交流电。

5.5.4 项目总结

逆变器系统从电路构成来看较为复杂，不仅有涉及电力电子技术的功率变换电路，也有信号处理的弱电电路。不仅有硬件电路，还会涉及较多的软件设计。因此逆变器系统是较为复杂的项目实例，但正是这样的系统，经过从头到尾实际制作、调试后，会有很大的收获。关于该项目实例，经过相关调试工作后，要对以下几个问题深入思考。

（1）结合三相整流电路中相关结论，三相不控整流直流电压与交流电压之间的关系与项目实例中实测结果是否吻合。

（2）在教材中逆变电路部分内容的学习，仔细体会 SPWM 的基本概念，并在项目实例实施中结合实现现象与理论支撑深刻理解 SPWM 控制方式。

（3）深刻理解 LC 低通滤波器的功能，开关次的谐波如何被 LC 滤波器滤除，而工频 50 Hz 可顺利通过。

（4）思考 MCU 的模拟量信号处理，即电压、电流采样等一般的调理电路，熟悉运算放大器的使用方法；思考数字信号概念及其处理的一般方法。

（5）从系统角度，思考辅助供电、控制电路、功率电路相互关系，深刻理解各部分在系统中的作用于地位。

习题与思考题

（1）把直流电变成交流电的电路称为_____，当交流侧有电源时称为_____，当交流侧无电源时称为_____。

（2）电流从一个支路向另一个支路转移的过程称为换流，从大的方面，换流可以分为两类，即外部换流和_____，进一步划分，前者又包括_____和_____两种换流方式，后者包括_____和_____两种换流方式。

（3）适用于全控型器件的换流方式是_____，由换流电路内电容直接提供换流电压的换流方式称为_____。

（4）逆变电路可以根据直流侧电源性质不同分类，当直流侧是电压源时，称此电路为_____，当直流侧为电流源时，称此电路为_____。

（5）半桥逆变电路输出交流电压的幅值 U_m 为_____U_d，全桥逆变电路输出交流电压的幅值 U_m 为_____U_d。

（6）三相电压型逆变电路中，每个桥臂的导电角度为_____，各相开始导电的角度依次相差_____，在任一时刻，有_____个桥臂导通。

（7）电压型逆变电路一般采用_____器件，换流方式为_____；电流型逆变电路中，较多采用_____器件，换流方式有的采用_____，有的采用_____。

（8）单相电流型逆变电路采用_____换相的方式来工作的，其中电容 C 和 L、R 构成电路，单相电流型逆变电路有自励和他励两种控制方式，在启动过程中，应采用先_____后_____的控制方式。

（9）三相电流型逆变电路的基本工作方式是_____导电方式，按 VT_1 到 VT_6 的顺序每隔_____依次导通，各桥臂之间换流采用_____换流方式。

（10）从电路输出的合成方式来看，多重逆变电路有串联多重和并联多重两种方式。电压型逆变电路多用_____多重方式；电流型逆变电路多采用_____多重方式。

（11）画出逆变电路的基本原理图并阐述其原理。

（12）无源逆变电路和有源逆变电路有何不同？

（13）换流方式各有那几种？各有什么特点？

（14）什么是电压型逆变电路？什么是电流型逆变电路？二者各有什么特点。

（15）电压型逆变电路中反馈二极管的作用是什么？为什么电流型逆变电路中没有反馈二极管？

（16）并联谐振式逆变电路利用负载电压进行换相，为保证换相应满足什么条件？

（17）串联二极管式电流型逆变电路中，二极管的作用是什么？试分析换流过程。

（18）逆变电路多重化的目的是什么？如何实现？串联多重和并联多重逆变电路各用于什么场合？

第6章 PWM 控制技术

PWM（Pulse Width Modulation）控制是指对一系列脉冲的宽度进行调制，来等效地获得所需要的波形（包括形状和幅值）。其中被调制的信号可以是任何形状的波形。PWM 波形可能是等幅的，也可能是不等幅的。由直流电源产生的 PWM 波形通常是等幅的，如逆变电路和直流斩波电路。当输入是交流电源时，产生的 PWM 波是不等幅的，如交流斩波调压电路等。另外，PWM 波形可以是电压信号也可以是电流信号，电压源型逆变器调制出来的是 PWM 电压波，电流源型逆变器调制出来的是 PWM 电流波。PWM 控制技术在逆变电路中应用最为广泛，近年来，PWM 技术也延伸应用在整流电路中，构成 PWM 型整流电路。

6.1 PWM 控制的基本原理

PWM 控制技术的重要理论基础是面积等效原理。它是指冲量（脉冲的面积）相等而形状不同的窄脉冲加在具有惯性的环节上时，其输出效果基本相同。输出效果基本相同，包含的意义是环节的输出响应波形基本相同，且在低频段的特性非常接近，仅在高频段略有差异。

例如，将三个面积大小相等，形状分别为矩形、三角形和正弦半波的窄脉冲（如图 6-1 所示）作为输入，分别施加在具有惯性的同一个环节上，其输出响应波形基本相同。而且，输入脉冲越窄，输出响应波形之间的差异也越小。

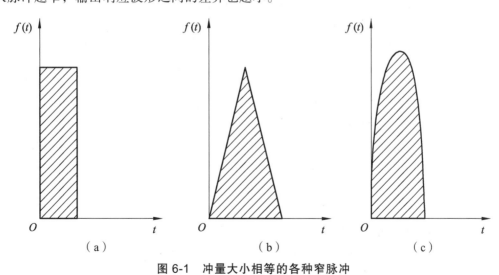

图 6-1　冲量大小相等的各种窄脉冲

若把图 6-2 的正弦半波电压波形在时间轴上 8 等分，则此电压波形可看成是由 8 个彼此相连的脉冲组成。这些脉冲的宽度相同，都等于 π/8，但幅值不相等，且脉冲顶部为曲线，它们的幅值根据其所处的相位（时间轴上的位置）按正弦规律变化。根据面积等效原理，可将上述 8 个正弦脉冲波用 8 个等幅但不等宽的方波脉冲来代替，使两者相对于时间轴的面积相等，且每个正弦脉冲波的中点和相应的方波脉冲的中点均重合。这些方波脉冲，就属于 PWM 波。它们的幅值相等，宽度则按正弦规律变化，按以上规律进而可以推广至将波形 N 等分。

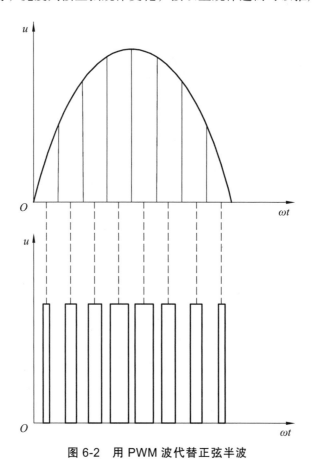

图 6-2　用 PWM 波代替正弦半波

　　对于正弦波的负半周，也可以采用同样的方法得到相应的 PWM 波形。这种和正弦波等效，且宽度按正弦规律变化而的 PWM 波形，也可称为正弦 PWM（SinusoidalPWM，SPWM）波形。如果要得到不同的输出电压（即等效输出正弦波的幅值），只要按照同一比例系数改变脉冲的宽度即可实现。

6.2　PWM 逆变电路

　　PWM 逆变电路可分为电压型和电流型两种。在实际应用中，绝大多数为电压型逆变电路，因此本节以电压型 PWM 逆变电路为例进行讲述。

148

6.2.1 PWM 逆变电路工作原理

单相桥式 PWM 逆变电路如图 6-3 所示。其中，U_d 为输入直流电压，$T_1 \sim T_4$ 为全控型功率半导体开关器件。逆变电路的控制方法有单极性和双极性两种方式。

单极性 PWM 控制方式如图 6-4（a）所示。把所希望输出的正弦波作为调制信号 u_m，把接受调制的等腰三角形作为载波信号 u_c。所谓单极型 PWM 控制方式，就是调制信号 u_m 和载波信号 u_c 两者始终保持相同的极性。它们的绝对值相比较就可以产生图 6-4(b)所示的单极性 PWM 脉冲。将此单极性 PWM 信号与图 6-4（c）所示调制信号 u_m 的极性信号 S_p 相乘，就可以得到逆变器控制所需的 PWM 脉冲信号，它在正、负半周期是对称的，如图 6-4（d）所示。

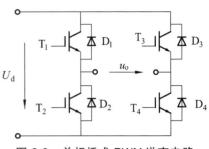

图 6-3　单相桥式 PWM 逆变电路

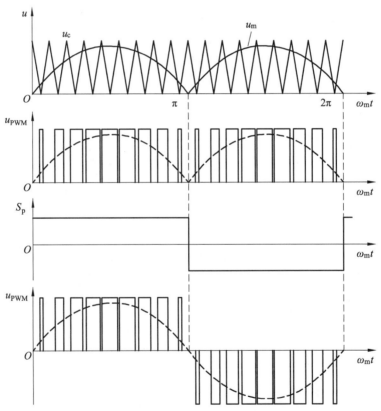

图 6-4　单极型 PWM 控制方式原理波形

当 u_m 在图 6-4（a）的 $0 \sim \pi$ 区间时，让图 6-3 中的 T_1 一直导通，T_2 截止。在 $u_m > u_c$ 的各区间控制 T_4 导通，逆变器输出电压为 U_d。在 $u_m < u_c$ 的各区间控制 T_4 截止，逆变器输出电压为 0，此时负载电流可经过 D_3 和 T_1 续流。

当 u_m 在图 6-4（a）的 $\pi \sim 2\pi$ 区间时，让图 6-3 中的 T_2 一直导通，T_1 截止。在 $u_m > u_c$ 的各区间控制 T_3 导通，逆变器输出电压为 $-U_d$。在 $u_m < u_c$ 的各区间控制 T_3 截止，逆变器输出

电压为 0，此时负载电流可经过 D_4 和 T_2 续流。

逆变器输出电压 u_o 就是形状与图 6-4（d）所示的 PWM 脉冲信号相同而幅值等于输入直流电压 U_d 的波形。

双极性 PWM 控制方式如图 6-5（a）所示。与单极性 PWM 控制方式不同的是，调制信号 u_m 和载波信号 u_c 采用的都是双极性信号，两者直接比较得出图 6-5（b）所示的双极性 PWM 脉冲信号。

在 $u_m > u_c$ 的各区间，控制图 6-3 中的 T_1 和 T_4 导通，T_2 和 T_3 截止，逆变器输出电压为 U_d；在 $u_m < u_c$ 的各区间，控制 T_2 和 T_3 导通，T_1 和 T_4 截止，逆变器输出电压为 $-U_d$。

由图 6-5（b）可看出，在这种控制方式中，PWM 波形是在两个方向变化的等幅不等宽的脉冲列，故称为双极型 PWM 控制方式。同样，逆变器输出电压 u_o 也是形状与双极型 PWM 控制脉冲相同而幅值等于输入直流电压 U_d 的波形。

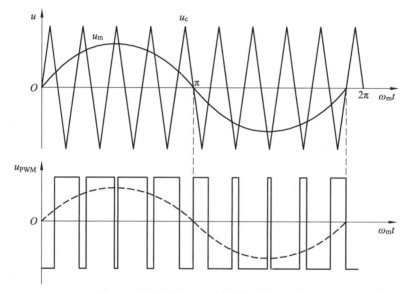

图 6-5　双极型 PWM 控制方式原理波形

三相桥式 PWM 逆变电路如图 6-6 所示，它采用的是双极性控制方式。其中，U_d 为输入直流电压，$T_1 \sim T_6$ 为全控型功率半导体开关器件，Z_A、Z_B、Z_C 为对称的三相负载。

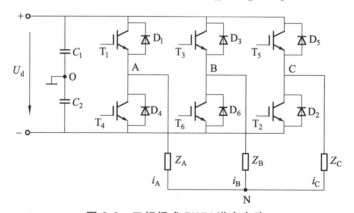

图 6-6　三相桥式 PWM 逆变电路

A、B、C 三相的 PWM 控制通常共用一个三角形载波 u_c，三相的三个正弦调制信号，即图 6-7（a）中的 u_{mA}、u_{mB} 和 u_{mC} 相位依次相差 $2\pi/3$。以 A 相为例来说明，当 $u_{mA} > u_c$ 时，控制上桥臂 T_1 导通，下桥臂 T_4 截止，则 A 相相对于直流环节中点 O 的输出电压为 $U_d/2$。当 $u_{mA} < u_c$ 时，控制上桥臂 T_1 截止，下桥臂 T_4 导通，则 A 相相对于直流环节中点 O 的输出电压为 $-U_d/2$。

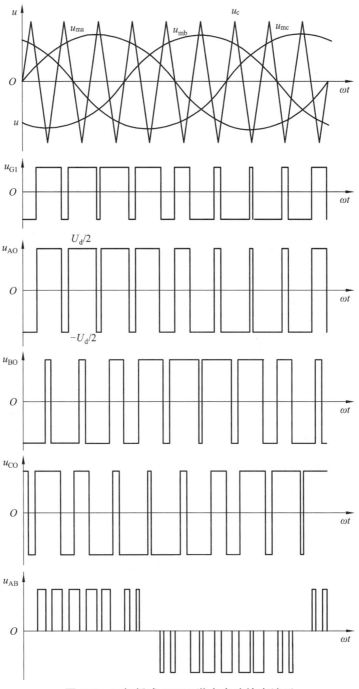

图 6-7　三相桥式 PWM 逆变电路输出波形

图 6-7（b）为 A 相 T_1 管的控制脉冲，B 相和 C 相脉冲相位则应分别滞后 A 相脉冲 $2\pi/3$ 和 $4\pi/3$。逆变器三相输出端相对于直流环节中点 O 的相电压波形分别为图 6-7（c）、（d）和（e）所示。三相之间线电压波形可以通过分别将两相电压相减得到，图 6-7（f）为线电压 u_{AB} 的波形。

6.2.2　PWM 逆变电路的调制控制方式

在 PWM 逆变电路中，载波频率 f_c 与调制信号频率 f_m 之比称为载波比，即 $N = f_c / f_m$。根据载波和调制信号是否同步，PWM 逆变电路可分为异步调制和同步调制两种控制方式。

1. 异步调制

在调制信号频率（即逆变器的输出频率）f_m 变化时，保持载波频率 f_c（一般情况下等于开关频率）固定不变，这种调制方法称为异步调制。异步调制方式的优点是：当调制信号频率较低时，载波比较高，低频输出特性好。异步调制方式的缺点是：当调制信号频率变化时，难以保证载波比为整数，特别是能被 3 整除的数，因此不能保证正负半周期脉冲的对称性、半周期内前后 1/4 周期脉冲的对称性以及三相之间的对称性，这些不对称性对于谐波分布和负载的运行都会产生不利的影响。

2. 同步调制

如果在改变调制信号频率 f_m 的同时，成比例地改变载波频率 f_c，保持载波比 N 不变，这种调制方法称为同步调制。在三相系统中，为了使波形对称，三相调制信号的相位必须互差 $2\pi/3$，载波比 N 为 3 的整倍数。同时，N 应取奇数，以使一相的 PWM 波正负半周镜像对称。

同步调制时，当调制信号频率较低时，每个信号周期内的 PWM 脉冲数过少，低次谐波分量较大，这种低次谐波通常不易滤除。若逆变器的输出频率很高，即调制信号频率很高，载波频率也会升高，使开关器件难以承受。

为了克服上述缺点，可采用分段同步调制的方法。分段同步调制就是将调制信号频率划分成若干个频段，在每个频段内保持载波比恒定，不同频段采用不同的载波比：

（1）在调制信号频率的高频段，采用较小的载波比，使载波频率不致过高，从而将功率开关器件的开关频率限制在允许范围以内。

（2）在调制信号频率的低频段，采用较大的载波比，使载波频率不致过低。谐波频率也较高且幅值较小，易于滤除。

如调制信号频率继续降低，则转入异步调制模式。图 6-8 是一个分段同步调制的例子。

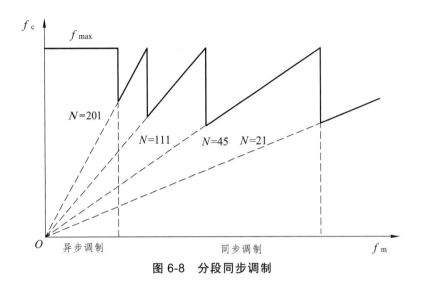

图 6-8　分段同步调制

6.3　PWM 跟踪控制技术

PWM 跟踪控制不是用信号波对载波进行调制，而是把希望输出的电流或电压信号作为参考信号，把实际输出的电流或电压信号作为反馈信号，通过两者的实时比较来决定功率开关器件的导通与关断，使实际的输出跟踪参考信号。电压跟踪型 PWM 控制和电流跟踪型 PWM 控制实现原理相同，其中电流追踪型控制应用的最多，因此以电流跟踪型 PWM 控制为例进行说明。

图 6-9（a）为采用滞环比较方式的 PWM 电流跟踪控制单相半桥式逆变电路原理图。i^* 是给定的负载相电流参考值，也即是负载电流跟踪的目标；i 是实际负载电流的反馈信号。把参考电流 i^* 和实际负载电流 i 进行比较，两者的偏差 $\Delta i(\Delta i = i^* - i)$ 作为带有滞环特性的比较器的输入，通过其输出来控制开关管 T_1 和 T_2 的通断。为了避免逆变器开关状态变换的速度过快，在 i^* 的基础上设计了上、下两个滞环，分别为 $i^* + \Delta i$ 和 $i^* - \Delta i$。当负载电流 $i > i^* + \Delta i$ 时，T_2 导通而 T_1 截止，负载电压 $u_o = -U_d$，i 开始下降；当负载电流 $i < i^* - \Delta i$ 时，T_1 导通而 T_2 截止，负载电压 $u_o = U_d$，i 又开始上升。这样，通过滞环比较器控制 T_1 和 T_2 的交替通断动作，就可以使 $|i^* - i| < \Delta i$，从而实现负载电流 i 对参考电流 i^* 的跟踪。如果 i^* 为正弦波，则 i 也近似为正弦波。

滞环的环宽（$2\Delta i$）对跟踪性能有较大的影响。环宽过宽时，开关动作频率较低，但跟踪误差较大；环宽过窄时，跟踪误差减小，但开关的动作频率过高，开关损耗增大，甚至会超过开关器件允许的工作频率范围。同样，图 6-9（a）中的电感 L 过大时，i 的变化率过小，对参考电流 i^* 的响应变慢；电感 L 过小时，i 的变化率过大，$i^* - i$ 频繁地达到 $\pm\Delta i$，开关动作频率过高。

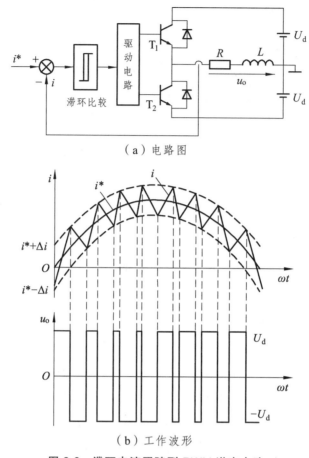

（a）电路图

（b）工作波形

图 6-9　滞环电流跟踪型 PWM 逆变电路

　　三相滞环电流跟踪型 PWM 控制逆变电路的工作原理与单相电路类似，由与图 6-9（a）完全相同的三个闭环控制器构成，只不过三个电流给定信号为对称的三相正弦指令。

　　采用滞环比较方式的电流跟踪型 PWM 逆变电路特点如下：

　　（1）控制电路的硬件十分简单，其核心只是一个滞环比较器。

　　（2）属于实时控制方式，负载电流的响应速度快。

　　（3）由于没有载波，逆变器输出电压中不包含特定频率的谐波分量，从而可以避免特定谐波可能对负载运行产生的不利影响。

　　（4）属于闭环控制。

6.4　PWM 整流电路

　　传统的晶闸管相控整流电路和电力二极管整流电路，其输入电流谐波分量大，功率因数低。为解决这个问题，把逆变电路中的 SPWM 控制技术用于整流电路，就形成了 PWM 整流电路。其关键的改进在于用全控型功率开关管取代了半控型功率开关管或二极管，以 PWM 斩控整流取代了相控整流或不控整流。通过对 PWM 整流电路的适当控制，可以使其输入电

154

流非常接近正弦波，且和输入电压同相位，功率因数近似为 1。因此 PWM 整流电路也称为单位功率因数变流器，或高功率因数整流器。

中等功率以下的 PWM 整流电路拓扑结构与传统的 PWM 逆变电路拓扑结构相似，只是因控制的目的不同而控制的方式不同。由于功率可以双向流动，也常称为 PWM 变流电路，而不再区分整流电路或有源逆变电路。PWM 整流电路按整流输出直流侧电压、电流的特点分为电压型和电流型两种类型，目前研究和应用较多的是电压型 PWM 整流电路，因此以电压型的电路来做介绍。

图 6-10 所示的电压型单相全桥 PWM 整流电路，其结构和单相全桥逆变电路几乎一样，交流侧电感 L_s 含外接电抗器的电感和交流电源内部电感，是电路正常工作所必须的。电阻 R_s 包括外接电抗器电阻和交流电源内阻。直流侧接入电容 C_d，以保证直流侧电压 U_d 的恒定。全桥内各臂由全控器件 $T_1 \sim T_4$ 和反并联的不可控二极管 $D_1 \sim D_4$ 构成一个不对称双向开关。在直流侧，正向电流 $+i_o$ 流经不可控二极管 $D_1 \sim D_4$，而反向电流 $-i_o$ 流经全控器件 $T_1 \sim T_4$，当各全控器件都截止时，则为一个常规的不可控整流电路。

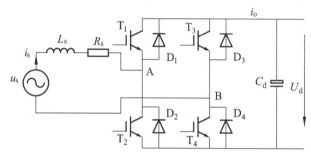

图 6-10　电压型单相全桥 PWM 整流电路

通过恰当的 PWM 模式，不仅能控制 PWM 变流电路的输出直流电压大小，而且可控制变流器电网侧交流电流的大小和相位，使其接近正弦波并与电网电压同相或反相，即系统的功率因数接近于 ±1。当直流侧电压 U_d 恒定，按照正弦调制波和三角载波相比较的方法，对图 6-10 中的全控器件 $T_1 \sim T_4$ 按 SPWM 模式进行控制，使全桥的交流输入端 A、B 间形成为一个等效的交流电压源 u_{AB}。u_{AB} 中除含有与正弦调制波同频率且幅值成比例的基波分量 u_{ABf} 外，还含有与载波有关的频率很高的谐波，不过由于交流侧电感 L_s 的滤波作用，交流侧电流 i_s 的谐波很小。如果忽略谐波的影响，当 u_{ABf} 的频率与电源 u_s 频率相同时，i_s 也为与电源 u_s 频率相同的正弦波。

在交流电源电压 u_s 一定的情况下，i_s 的幅值和相位仅由 u_{ABf} 的幅值及其与 u_s 的相位差来决定。改变 u_{ABf} 的幅值和相位，就可以使 i_s 和 u_s 同相位或者反相位、i_s 比 u_s 超前 $\pi/2$，或使 i_s 与 u_s 的相位差为所需要的角度。

图 6-11 的相量图说明了 PWM 整流电路的几种运行方式。其中，$\dot{U}_s$、$\dot{U}_L$、$\dot{U}_R$、$\dot{I}_s$ 分别为交流电源电压 u_s、电感 L_s 上的电压 u_L、电阻 R_s 上的电压 u_R 和交流电流 i_s 的相量，$\dot{U}_{AB}$ 为 u_{AB} 的相量。

（1）图 6-11（a）中，$\dot{U}_{AB}$ 滞后 $\dot{U}_s$ 的相角为 δ，$\dot{I}_s$ 和 $\dot{U}_s$ 同相位，电路工作在整流状态，且功率因数为 1，从交流侧向直流侧输送能量，这是 PWM 整流电路最基本的工作状态。

（2）图 6-11（b）中，$\dot{U}_{AB}$ 超前 $\dot{U}_s$ 的相角为 δ，$\dot{I}_s$ 和 $\dot{U}_s$ 相位正好相反，电路工作在有源逆变状态，从直流侧向交流侧输送能量。

（3）图 6-11（c）中，$\dot{U}_{AB}$ 滞后 $\dot{U}_s$ 的相角为 δ，$\dot{I}_s$ 超前 $\dot{U}_s\pi/2$，电路向交流电源送出无功功率，这时的电路称为静止无功功率发生器，一般不再称之为 PWM 整流电路。

（4）图 6-11（d）中，通过对 $\dot{U}_{AB}$ 幅值和相位的控制，可以使 $\dot{I}_s$ 比 $\dot{U}_s$ 超前或滞后任意角度 φ。

以上四种运行方式，也充分说明了 PWM 整流电路之所以称为四象限变流器的原因。

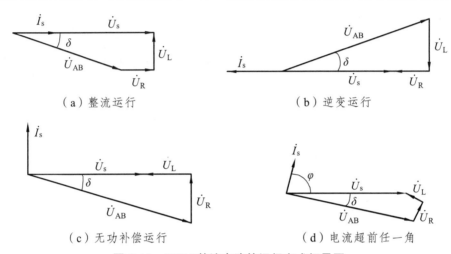

图 6-11　PWM 整流电路的运行方式相量图

三相桥式 PWM 整流电路的工作原理和单相全桥电路相似，只是从单相扩展到三相。图 6-12 是由两个三相桥式 PWM 变流电路级联组成的电压型双 PWM 变流电路，它作为可逆 AC-DC-AC 功率变换器，成为 PWM 整流电路的重要应用之一。其典型的工作方式是：当电机处于电动状态时，电源侧 PWM 变流电路作为整流电路运行，电机侧 PWM 变流电路作为逆变电路运行，中间直流电压可在一定范围内调节，交流侧电压电流的相位角 ϕ 在 $0\sim\pi/2$ 范围内设置，当 ϕ 为 0 时，系统功率因数为 1。当电机进入再生制动时，电机侧的 PWM 变流电路把再生能量回馈到中间的直流环节，使直流侧电压升高，电源侧 PWM 整流电路自动进入有源逆变状态，将电机的机械能转换为电能回馈电网。此时相位角 ϕ 在 $\pi/2\sim\pi$ 范围内设置。电压型双 PWM 变流电路非常适合于电机频繁再生制动的场合，如电力机车牵引、电梯驱动等，可实现电机的四象限运行。

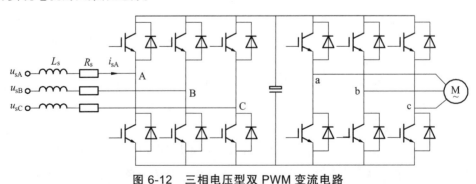

图 6-12　三相电压型双 PWM 变流电路

习题及思考题

（1）简述 PWM 控制的基本原理。

（2）单极型 PWM 控制方式和双极型 PWM 控制方式有什么区别？

（3）什么是同步调制？什么是异步调制？

（4）简述滞环电流跟踪型 PWM 技术的原理及特点。

第7章 电力电子实用新技术

电力电子是国民经济的重要基础技术，是现代科学、工业和国防的重要支撑技术。电力电子本身是将各种一次能源高效率地变为人们所需的电能。它是实现节能环保和提高人民生活质量的重要手段。电力电子技术水平直接标志着我国现代化技术发展的最高水平。随着材料学、半导体技术、制造工艺等技术领域的发展，为电力电子器件及应用开辟了崭新的道路。电力电子技术在近年来的发展朝着高频化、集成化、模块化、数字化、高效化等方向发展。

不断涌现的高性能电力电子半导体器件，为其发展奠定了基础。为满足各个领域电力电子装置更高的需求，在信息技术及工业应用领域，电力电子技术在效率、体积、性能等方面有了飞速的提高。软开关及谐振技术是提高效率、缩小体积、提高电力电子装置性能的有效途径。同时，化石能源的消耗及不断恶化的环境对电力电子技术新能源应用提出了更高、更广泛的需求。

7.1 软开关与谐振变换技术

在任何一种电力电子装置中，滤波电感、电容及变压器的体积和重量都占到了很大的比例。而现代电力电子装置朝着小型化、轻量化的方向发展，从电路有关的知识可以知道，提高工作频率可以减少变压器绕组的匝数，并减少磁芯的尺寸。但在提高开关频率的同时，开关损耗也在增加，电路效率会严重下降，电磁干扰也增大。因此，简单提高开关频率是不行的。

针对以上问题，软开关技术应运而生，它利用以谐振为主的辅助换流手段，解决了电路中的开关损耗和噪声问题，可以将开关频率大幅度提高。

7.1.1 硬开关技术

在电力电子装置中，硬开关过程中电压、电流均不为零，出现了重叠，有显著的开关损耗。电压和电流变化的速度很快，波形出现了明显的过冲，从而产生了开关噪声。开关损耗与开关频率之间呈线性关系，因此当硬电路的工作频率不太高时，开关损耗占总损耗的比例并不大，但随着开关频率的提高，开关损耗就越来越显著。以图 7-1 中的电路为例，其开、关过程的理想波形与实际波形如图 7-2 和图 7-3 所示。

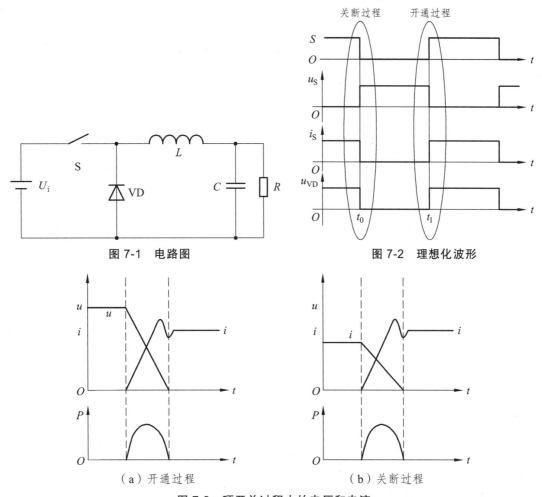

图 7-1　电路图

图 7-2　理想化波形

（a）开通过程

（b）关断过程

图 7-3　硬开关过程中的电压和电流

7.1.2　软开关技术

软开关电路中增加了谐振电感 L_r 和谐振电容 C_r，如图 7-4 所示，与滤波电感 L、电容 C 相比，L_r 和 C_r 的值小得多，同时开关 S 增加了反并联二极管 VD_S，而硬开关电路中不需要这个二极管。

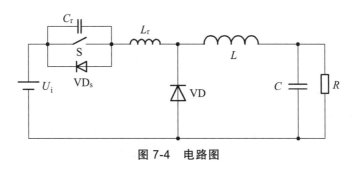

图 7-4　电路图

降压型零电压开关准谐振电路中，在开关过程前后引入谐振，使开关开通前电压先降到零，关断前电流先降到零，消除了开关过程中电压、电流的重叠，从而大大减小甚至消除开关损耗。同时，谐振过程限制了开关过程中电压和电流的变化率，这使得开关噪声也显著减小，如图 7-5 所示。

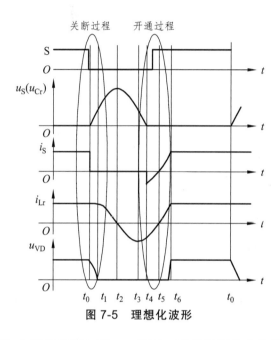

图 7-5　理想化波形

软开关电路中电压与电流的关系如图 7-6 所示，可将软开关分为以下几种。零电压开通：开关开通前其两端电压为零，则开通时不会产生损耗和噪声。零电流关断：开关关断前其电流为零，则关断时不会产生损耗和噪声。零电压关断：与开关并联的电容能延缓开关关断后电压上升的速率，从而降低关断损耗。零电流开通：与开关串联的电感能延缓开关开通后电流上升的速率，降低了开通损耗。在很多情况下，不再指出开通或关断，仅称零电压开关和零电流开关。

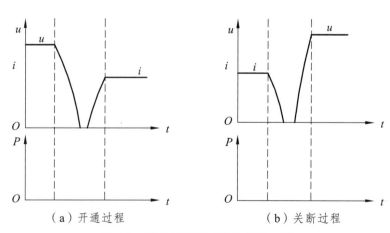

（a）开通过程　　　　　　　　（b）关断过程

图 7-6　软开关过程中的电压和电流

7.1.3 软开关电路的分类

根据电路中主要的开关元件是零电压开通还是零电流关断，可以将软开关电路分成零电压电路和零电流电路两大类，个别电路中，有些开关是零电压开通的，另一些开关是零电流关断的。

根据软开关技术发展的历程可以将软开关电路分成准谐振电路、零开关 PWM 电路和零转换 PWM 电路。

准谐振电路可分为：

（1）零电压开关准谐振电路（Zero-Voltage-Switching Quasi-Resonant Converter，ZVS QRC），如图 7-7 所示。

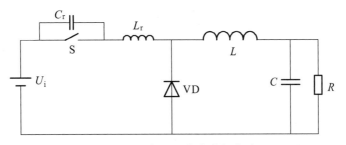

图 7-7　零电压开关准谐振电路

（2）零电流开关准谐振电路（Zero-Current-Switching Quasi-Resonant Converter，ZCS QRC），如图 7-8 所示。

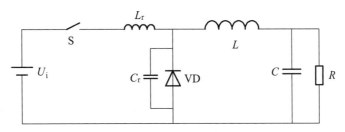

图 7-8　零电流开关准谐振电路

（3）零电压开关多谐振电路（Zero-Voltage-Switching Multi-Resonant Converter，ZVS MRC），如图 7-9 所示。

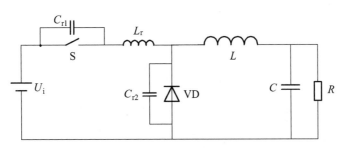

图 7-9　零电压开关多谐振电路

（4）用于逆变器的谐振直流环节（Resonant DC Link）。

准谐振电路中电压或电流的波形为正弦半波，因此称之为准谐振。开关损耗和开关噪声都大大下降，但也有一些负面问题，比如：

（1）谐振电压峰值很高，要求器件耐压必须提高。

（2）谐振电流的有效值很大，电路中存在大量的无功功率的交换，造成电路导通损耗加大。

（3）谐振周期随输入电压、负载变化而改变，因此电路只能采用脉冲频率调制（Pulse Frequency Modulation，PFM）方式来控制，变频的开关频率给电路设计带来困难。

如图 7-10 与 7-11 所示，零开关 PWM 电路中引入了辅助开关来控制谐振的开始时刻，使谐振仅发生于开关过程前后。可分为零电压开关 PWM 电路（Zero-Voltage-Switching PWM Converter，ZVS PWM）与零电流开关 PWM 电路（Zero-Current-Switching PWM Converter，ZCS PWM）。同准谐振电路相比，这类电路有很多明显的优势：电压和电流基本上是方波，只是上升沿和下降沿较缓，开关承受的电压明显降低，电路可以采用开关频率固定的 PWM 控制方式。

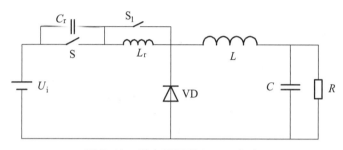

图 7-10　零电压开关 PWM 电路

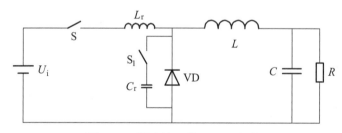

图 7-11　零电流开关 PWM 电路

传统 PWM 变换器中的开关器件工作在硬开关状态，硬开关工作的四大缺陷妨碍了开关器件工作频率的提高，它存在如下问题：

（1）开通和关断损耗大。

（2）感性关断问题。

（3）容性开通问题。

（4）二极管反向恢复问题。

为了提高变换器效率，减小变换器的重量体积，就必须解决上述的四个问题。所谓软开关就是功率器件在零电压条件下导通（或关断），在零电流条件下关断（或导通）。与硬开关相比，软开关的功率器件在零电压、零电流条件下工作，功率器件开关损耗大大减小。

与此同时，du/dt 和 di/dt 大为下降，提高了变换器的可靠性，由于软开关开关损耗很小，与硬开关相比，它可以工作于较高的工作频率，因此减小变换器的体积和重量，同时提高变换器的变换效率。

从谐振角度看，所谓谐振变换器至少包含一个谐振回路，谐振回路至少包含一个电感和一个电容，谐振电路的阶数决定于所包含的独立的储能元件数目。以谐振类型划分，软开关变换器有谐振型变换器、多谐振/准谐振变换器、零开关 PWM 变换器、零转换 PWM 变换器等；从拓扑结构上看，有电流型软开关变换器、电压型软开关变换器。

利用谐振现象，使电子开关器件上电压或电流按正弦规律变化，以创造零电压开通或零电流关断的条件，以这种技术为主导的变换器称为谐振变换器。它又可以分为全谐振型变换器、准谐振变换器和多谐振变换器三种类型。

1. 全谐振型变换器

一般称之为谐振变换器（Resonant Converters）。该类变换器实际上是负载谐振型变换器，按照谐振元件的谐振方式，分为串联谐振变换器（Series Resonant Converters，SRCs）和并联谐振变换器（Parallel resonant converters，PRCs）两类。在谐振变换器中，谐振元件一直谐振工作，参与谐振工作的全过程。

该变换器与负载关系很大，对负载的变化很敏感，一般采用频率调制方法。

2. 准谐振变换器（Quasi-Resonant Converters，QRCs）

准谐振变换器是最早出现的软开关电路。其特点是谐振元件参与能量变换的某一个阶段，不是全程参与。无论是串联 LC 或并联 LC 都会产生准谐振，利用准谐振现象，使电子开关器件上的电压或电流按正弦规律变化，从而创造了零电压或零电流的条件，以这种技术为主导的变换器称为准谐振变换器。准谐振变换器分为零电流开关准谐振变换器（Zero-current-switching Quasi-resonant converters，ZCS-QRCs）和零电压开关准谐振变换器（Zero-voltage-switching Quasi-resonant converters，ZVS-QRCs）。

3. 多谐振变换器（Multi-Resonant Converters，MRCs）

多谐振变换器特点是谐振元件参与能量变换的某一个阶段，不是全程参与。多谐振变换器的谐振回路、参数可以超过二、三个或更多。

为保持输出电压不随输入电压变化而变化，不随负载变化而变化（或基本不变），谐振、准谐振和多谐振变换器主要靠调整开关频率，称为调频系统 PFM。调频系统不如 PWM 开关变换器那样容易控制，这是因为调频系统是依靠 L、C 振荡使得电路产生谐振和准谐振的，功率器件所受的电压与电流的应力都要比相应的硬开关 PWM 变换电路功率器件承受的压力大，并且该应力随电路的 Q 值和负载变化而变化。调频系统是依靠改变开关频率来改变变换器的输出的，开关频率大范围变化使得滤波器、变压器设计难以优化，干扰难以抑制，而且由于靠调频来调节输出，负载变化大时，相应的电压和电流调节范围比相应 PWM 变换电路窄，超前一定范围后，变换电路不能达到零电压或零电流开关条件。

由于准谐振、多谐振变换器采用调频调制，变化的频率使变换器的磁性电路设计十分困难，为了便于控制和设计电路，希望在软开关变换器中，采用恒定频率控制，即 PWM 控制，能实现 PWM 的软开关变换器称之为零电压 PWM 变换器（ZVS-PWM）或者零电流变换器

（ZCS-PWM）。其基本原理是在在准谐振型变换电路基础上加入一个辅助开关管来控制谐振元件的谐振过程，仅在需要开关状态转变时才启动谐振电路，创造开关管的零压开通关断条件，其余时间，谐振电路处于不工作状态。谐振电感与主开关器件串联在电路中，开通时承受负载电流，因此，变换电路可按恒定频率PWM方式调控输出电压。既可以像QRC电路一样通过谐振为主功率开关管创造零电压或零电流开关条件，又可以使电路像常规PWM电路一样，通过恒频占空比调制来调节输出电压。

7.2 光伏发电技术

随着经济的发展、世界人口的增加和社会生活水平的提高，世界能源消费量在持续增长，随之带来的是一次性化石能源的消耗殆尽及生态环境的日益恶化。很多国家已投入了大量的人力、物力努力倡导发展清洁可再生能源，加强可再生能源的利用，构筑多元的能源体系，提高能源利用效率。作为化石能源的替代品，太阳能、风能等可再生、清洁的能源成为人们研究的热点。

太阳能和传统能源相比具有储量丰富、无需运输、清洁无污染三大优点，是可持续能源发展的一个重要方向。太阳能利用主要有光热利用，光伏利用和光化学利用三种主要形式。作为太阳能利用的热门方式之一，光伏发电已经受到越来越多的关注和重视，光伏发电具有以下优势：

（1）无污染：绝对零排放。

（2）可再生：资源无限，可直接输出高质量电能，具有理想的可持续发展属性。

（3）资源的普遍性：基本上不受地域限制，只有地区之间是否丰富之分。

（4）通用性、可存储性：电能可以方便地通过输电线路传输、使用和存储。

（5）分布式电力系统：将提高整个能源系统的安全性和可靠性，特别是从抗御自然灾害和战备的角度看，它更具有明显的意义。

（6）资源、发电、用电同一地域：可望大幅度节省远程输变电设备的投资费用。

（7）灵活、简单化：发电系统可按需要以模块化集成，容量可大可小，扩容方便，保持系统运转仅需要很少的维护，系统为组件，安装快速化，没有磨损、损坏的活动部件。

（8）光伏建筑集成（BIPV-Building Integrated Photovoltaic）：节省发电基地使用的土地面积和费用，是目前国际上研究及发展的前沿，也是相关领域科技界最热门的话题之一。

7.2.1 光伏并网发电系统的基本组成

光伏并网发电系统，作为一种分布式发电系统，光伏并网发电系统利用"光生伏特效应"，将太阳辐射到光伏电池组表面的能量转换成直流电送入逆变环节，转换成达到当地供电部门并网标准的交流电，最终连接市电网络进行发电。光伏并网发电系统组成框图如图 7-12 所示。

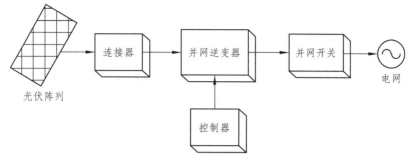

图 7-12 光伏发电系统组成框图

光伏电池是整套系统的能量来源,将太阳辐射能转换为直流电能。由于材料和工艺问题,目前的多晶硅材料电池转换效率依旧处在较低水平。单块光伏电池输出电压通常无法满足并网的要求,因此在实际应用中多采用光伏阵列的形式。光伏阵列由多块光伏电池进行串并联组成,串联可以增大输出电压以达到逆变器工作要求,并联可以增加输出电流,提高整机功率。逆变环节主要由 IGBT 或 MOSFET 等功率开关管组成,将直流能量变换为交流能量。并网开关由控制器控制,当逆变器启动后,输出电压与电网同频同相,并网开关闭合,逆变器输出功率回馈入电网,在系统运行出现故障时,并网开关快速断开,切断逆变器与电网的连接,保证了系统的安全可靠。

光伏并网发电系统受控于控制系统,控制系统硬件由处理器,检测电路和保护电路等组成。对于光伏并网型逆变器,控制器主要功能为:

(1)逆变器工作后,控制输出电流对电网电压的幅值相位的跟踪。

(2)光伏阵列的最大功率点跟踪(MPPT)。

(3)逆变器并网运行时的并网电流功率因数和谐波的调节。

(4)反孤岛效应和其他故障检测与动作等功能。

同非并网型逆变器对比,光伏并网逆变器有以下优点:

(1)控制器通过 MPPT 将光伏电池工作点稳定在最大功率点处,一定程度上弥补了光伏电池转换效率低下这一问题,可获得理论上最大发电量。

(2)稳态工作方式为并网发电,省略了作为储能环节的蓄电池部分,可以充分利用光伏阵列输出的功率,降低了因充放电带来的能量损耗,节约了蓄电池的采购和维护费用,因而降低了整套系统的成本。

(3)光伏逆变器大规模并网后具有对电网调峰的作用。

7.2.2 光伏并网发电系统的分类

光伏并网发电系统按照内部拓扑结构,可以分成单级式光伏并网发电系统和双级式光伏并网发电系统。

1. 单级式光伏并网发电系统

单级式光伏发电系统结构如图 7-13 所示,其主要组成部分为光伏电池阵列、并网逆变器、控制系统、并网开关和供电对象。其工作原理：光伏电池将太阳光辐射能转换为直流电，光伏逆变器将直流电转换为与电网同频同相的交流电后回馈入当地配电电网。由于单块光伏电池端口输出电压值较低，为了保证逆变器输出交流电压足够大，必须将一定数量的光伏电池进行串并联，同时，为了保证日发电量最大，系统的控制算法中要有最大功率跟踪（MPPT），保证逆变器的效率并获得最大发电量。

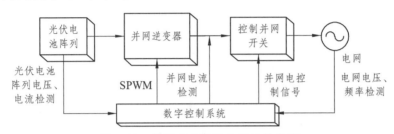

图 7-13　单级式光伏发电系统结构图

单级式光伏并网系统结构简单，由于舍弃了中间储能环节，因而需要的器件相对较少，节约了整机成本；系统只有逆变器这一个电力变换环节，因而整机效率较高。直流母线电压因为最大功率获取算法的原因，可能会在较宽范围内变化，为了保护功率开关器件，要设计直流过压的软硬件保护。

2. 两级式光伏并网发电系统

两级式光伏并网发电系统结构如图 7-14 所示，其结构与单级式光伏发电系统类似，不同点为两级式光伏发电系统在直流侧加入 DC-DC 升压环节。系统运行时，通过 DC-DC 升压环节对光伏电池输出的直流电升压，变换到较高等级后再输送到逆变器的直流母线。

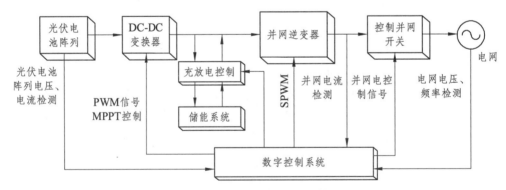

图 7-14　两级式光伏发电系统拓扑

相对于单级式发电系统，由于两级式光伏并网发电系统加入了 DC-DC 升压环节，需要对升压环节独立控制，若采用单一控制芯片，则程序负担较重，且加入升压环节后，增大了系统的能量损耗，降低了系统的效率；两级式光伏并网发电系统可在 DC-DC 升压环节处设计高频隔离变压器进行电气隔离，其体积远小于单级式光伏并网逆变器输出侧的工频变压器。

7.3 风力发电技术

风能的开发和利用，无论从环境保护、资源利用，还是从社会和经济的发展要求来看，都有着极其重要的现实意义。近年来，随着大型风力变流器技术的进步，风能发电技术在我国逐渐趋向成熟，风力发电的新能源产业也迅速崛起。

风力发电向大容量、高效率、高可靠性等方面发展。世界上风力发电市场上的主要风电机的类型主要有永磁直驱型电机（Permanent-Magnet Synchronous Generator，PMSG）和双馈型电机（Doubly-Fed Induction Generator，DFIG）。

在 DFIG 发电系统中，其核心单元为 DFIG 和双 PWM 交流变换器。其各个部分的主要作用为：风力机主要完成风能向机械能的转换；齿轮箱完成风机转速和 DFIG 转速的匹配；由机械功率向电磁功率的转换 DFIG 完成。

双 PWM 变换器对 DFIG 的转子进行交流励磁，其主要由两个电压型的 PWM 变换器构成，分为机侧 PWM 变换器（RSC）和网侧 PWM 变换器（GSC）。机侧变换器与网侧变换器之间通过大容量电容构成的直流母线相连接，起到储能、滤波作用。DFIG 发电系统的简单结构如图 7-15 所示。

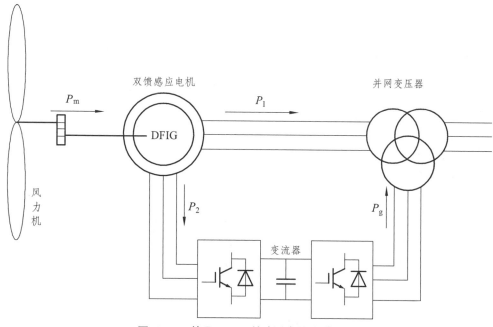

图 7-15 基于 DFIG 的变速恒频风电机组

PMSG 和 DFIG 风力发电系统的很大不同在于发电机与风力机之间没有了齿轮箱，PMSG 中采用的是多极对数的同步电机进行同轴直接驱动，其简单结构如图 7-16 所示。

在变流器的容量上，相比较于 DFIG 系统，PMSG 系统中的变流器的容量要大得多，系统的稳定性得到了很大的提高，系统中定子绕组通过功率变流器连接大电网，并通过功率变换器完成对有功和无功功率的独立控制。其缺点是成本较高。

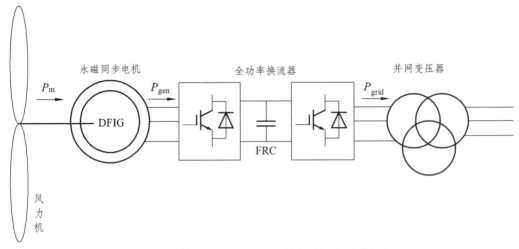

图 7-16 基于 PMSG + FRC 的变速恒频风电机组

相比于永磁直驱型风力发电机，在 DFIG 风力发电系统中，变流器的容量仅相当于机组额定容量的四分之一左右，使得 DFIG 发电机组具有很好的成本优势，从而占据了更大的市场份额。在目前的风力机组的研究和生产方面，DFIG 风力机组的优势明显，针对 DFIG 风电机组相关技术的研究是当前各项研究的重点和热点。

风力发电系统也有自身缺陷，由于受到昼夜、季节更替的影响和气候变化等因素的影响，其应用往往受到一定的制约，通常无法独立实现持续稳定的供能。对于无电网地区，这种相对不稳定、不连续的能源利用，需要耗费大量储能设备，导致效率低下和系统成本的增加。要建立独立可靠的能源供电系统，需要实现多种能源的联合发电。根据当地情况，选取可利用的能源并根据它们的周期、能量幅值等变化情况设计合理的控制方案，克服随机性、间接性等缺点，达到能源的互补利用，实现连续、稳定、高效的供电。

7.4 动力电池技术

近年来，为应对日益严重的全球气候暖化、石油枯竭、城市雾霾等难题，新能源汽车的推广普及受到世界各国的极大重视。在政府的大力支持下，我国电动汽车产业快速崛起，2016 年，中国销售 75 万辆电动汽车，成为销量最高的国家。作为电动汽车支柱之一的动力电池一直广受社会关注。当前市场上的主流电池为锂离子电池，电动汽车锂离子电池应用现状及发展存在以下问题：

（1）对电动汽车来说，动力电池的安全性是最为核心的问题。热失控是锂电池引发起火的不安全事故的主要原因。热失控实际上是一个能量正反馈循环。电池在充放电使用中，其内部各种电化学反应产生热量，若散热不良，热量的堆积将导致系统变热，系统变热后会产生更多热量，使系统变得更热。热失控的原因有电池过充电、过放电、短路、环境温度过高及私自改装电池等。为避免热失控，锂电池可加装高效、可靠的冷却系统，从而在热失控发生的初始阶段就介入阻止。此外，电池状态监视和放电补偿装置也可提高电池的热稳定性。

（2）电池的使用寿命一般通过充放电次数和使用年限两个指标描述。从理论上讲，目前市场上应用的锂电池，其充放电次数已经满足电动汽车的要求。然而，由于环境温度过高等因素，电池老化将加剧，这使得使用年限这个指标在不同的使用环境下变得不确定。当前，大多数厂商将电池使用年限设定在 10 年。为克服上述不确定性，电池厂商会加大电池体积，补偿电池老化，以确保电池使用年限。显然，这种做法增加了电池的体积、重量和成本。与之相反，也有一些厂商选择安装体积更小、使用年限更短的电池，每 5~7 年更换一次。这样，一方面随着电池技术不断进步，可以及时给车主更换性能更好的电池；另一方面，也催生了电池租赁与回收这种新的商业模式，促进了绿色循环经济。

（3）人们都希望能开着自己的汽车横穿南北，不受地域、气候的限制。然而，到目前为止，动力电池的性能受环境温度的影响仍然很大，开发一款能同时适应高温和严寒的电池显得十分困难。针对不同气候特点开发专用电池是一个很好的选择，对于目前的技术来说也不是难事。例如，寒冷地区可重点研发电池加热和隔离装置，炎热地区重点研发耐高温的电解液和材料。

（4）能量密度是单位重量的电池所能容纳的能量，是判断电池优劣的重要指标，直接决定了电动汽车的续航里程。目前，钴酸锂可达 137 mAh/g，锰酸锂和磷酸铁锂的实际值都在 120 mAh/g 左右，镍钴锰三元则可达 180 mAh/g。如何进一步提高能量密度是当前业内研究热点，具体方法有提高正、负极活性占比，提高正、负极材料的比容量等。总之，提高锂电池的能量密度，必须从改善工艺、提高现有材料性能以及开发新材料、新机理等方面入手，寻找短、中、长期的解决方案。

（5）充电时间较长是另一个技术挑战和电动汽车普及的障碍。充电方式可分为慢充和快充两种。慢充使用交流电，充电时间为 6~8 小时。快充使用大功率直流充电，30 min 可充至电池容量的 80%。超过 80% 后，为保护电池，充电电流强制变小，需要较长时间才能充至 100%。由于快充的瞬时电流过大，会给电池带来一定的损伤。无论慢充还是快充的时间，显然都无法与燃油汽车加油的便捷性相媲美。克服充电时间这个难题，一方面依赖技术的突破，另一方面也可以通过普及充电设施、灵活安排充电时间等措施来解决。

（6）电动汽车贵在电池，如特斯拉 ModelS 基础型配置的 70 kW·h 电池，在扣除美国政府补助后，价格为 7.12 万美元，其中电池就占了 2.1 万美元的成本，可见纯电动汽车依然被电池成本所左右。哪些因素决定了锂电池的成本呢？一是电池的关键性材料（主要为碳酸锂）、负极材料（主要为石墨）、电解液（六氟磷酸锂、溶剂和添加剂构成）以及隔膜（主要为聚烯烃类石化产品）；二是其他附属材料，如壳体盖板、黏结剂、溶剂、集电体铝箔，集电体铜箔，用于极耳的铝带、镍带等；三是制造过程成本，如劳动力成本、生产线维护成本等；四是环保成本。

（7）随着电动汽车数量快速攀升，未来将会产生越来越多的报废电池组，若不能很好解决回收问题，将给环境带来巨大问题。这些退役电池制造精密，除了化学活性下降之外，其内部的化学成分不会改变，虽然充放电性能不能满足汽车行驶，但将其回收再利用，作为储能设施是一个很好的解决方案。例如，德国戴姆勒联合几家相关公司成立了合资公司，采购戴姆勒公司旗下所有电动汽车退役的动力电池，尝试建立世界最大的退役电池储能电站，用于平衡德国的电网压力。安装在储能电站里的退役电池，还能继续工作 10 年，这将极大延长电池的使用寿命。

作为电动汽车发展最为重要的支柱，动力电池的发展广受关注。燃油汽车发展初期，也面临着诸如发动机和燃油储存的问题，随着技术进步，那些问题都迎刃而解。所以，我们有理由相信，随着技术的进步，动力电池存在的各种问题终会被解决。

表 7-1　多种材质电池相关参数对比

电池种类	比能量/（Wh/kg）	比功率/（W/kg）	寿命/次	成本/美元	温度/°C	转换效率/%	优点	突出问题
铅酸	40	80	500	80	0~40	—	价格低、可靠	比特性差
钠硫	120	140	2 000	150	350	—	寿命长、比能量高	高温启动
镍氢	60	120	1 000	200	0~40	—	比能量高	价格偏高
锂离子	100	250	600	150	450	—	比能量高	高温启动
锌-空气	100	50	200	低	60	—	比能量高	寿命短
PEMFC	350	350	长	100	70~100	60	启动快、技术成熟	不兼容CO
碱性 AFC	高	高	长	低	70~100	70	启动快、技术成熟	不兼容CO_2
磷酸 PAFC	中	—	长	低	150~210	40	启动快、技术成熟	有强腐蚀性
熔融碳酸盐MCFC	高	—	长	低	550~650	>60	可用天然气	有强腐蚀性
固体氧化物SOFC	中	—	长	低	1000~1100	>60	可用甲烷	结构不稳定

7.5　超级电容技术

超级电容又称为电化学电容、双电层电容、黄金电容、法拉第准电容，是通过极化电解质来储能的一种电化学元件。它介于传统电容与电池之间，主要依靠双电层和氧化还原电荷储存电能。在其储能的过程并不发生化学反应，这种储能过程是可逆的，因此，超级电容可以反复充放电数十万次。超级电容利用活性炭多孔电极和电解质组成的双电层结构获得超大容量。突出优点是功率密度高、充放电时间短、循环寿命长、工作温度范围宽，是世界上已投入量产的双电层电容中容量最大的一种。

超级电容按储能机理的不同可分为双电层电容和法拉第准电容两类。其中，双电层原理是由德国的赫尔姆霍兹（Helmholtz）在 1879 年提出的，在充电过程中其电解液中的阴、阳离子在电场的作用下分别向正、负电极移动，最终在电极表面形成双电层。法拉第准电容在氧化物电极板界面上进行高度可逆的化学吸附、脱附和氧化还原反应来存储能量。实际上各种超级电容的电容值中同时含有双电层电容和法拉第准电容两个分量，只是所占比例不同而已。

超级电容的电容值与正负极板的表面积成正比，与极板的间距成反比。目前，广泛使用的碳电极超级电容器的电极是由多孔碳材料组成的，该材料的多孔结构使正负极板的表面积能达到 2 000 m^2/g 以上。此外，双电层之间的间距非常小，该距离（<10^{-10} m）比传统电容

器薄膜材料所能实现的距离更小，庞大的表面积加上非常小的电荷分离距离使得超级电容较传统电容器而言有巨大的静电容量。超级电容的结构图如图 7-17 所示。以下对超级电容的优缺点进行总结分析。

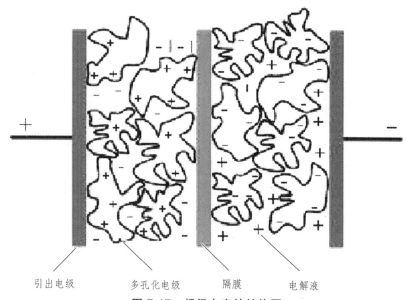

引出电极　　　多孔化电极　　隔膜　　　电解液

图 7-17　超级电容的结构图

超级电容的优点：

（1）功率密度大、响应时间短。由于超级电容的充放电过程是物理过程，不同于蓄电池受存储介质的化学反应速度的约束，因此响应时间较短，充放电电流能达到较大值，只需数十秒就能实现满充和满放。超级电容的响应时间能到达毫秒级，其功率密度可达 6^{-15} kW/kg，为锂电池的 100 倍以上。

（2）使用寿命长。由于超级电容的充放电过程是一个高度可逆的过程，这个过程只有电荷和离子的移动，不会制造和破坏化学键，因此充放电循环次数可以达到数十万次。小循环充放电和深度循环充放电都不会损害超级电容的性能，使得超级电容的使用较为灵活。此外，超级电容容易存储，长时间放置不会对其性能造成影响。

（3）充放电循环效率高。超级电容的串联等效电阻值极低，充放电过程中由电能损耗产生的发热量极小。

（4）工作温度范围广。由于超级电容无需借助化学反应就能工作，因此它的工作温度范围较宽，可以在 – 40 ~ + 65 ℃ 正常工作。

（5）环境友好。超级电容使用的材料都是环保无污染的，在工作过程中也不会产生有毒有害物质。

（6）荷电状态检测容易。由于超级电容存储的电量值与其端电压的平方成正比，即 $E = \dfrac{1}{2}CV^2$，因此只需检测端电压就能得知其荷电状态值。

（7）维护量少。超级电容基本上不需要保养，深度放电不会损耗其性能，但需将其端电压限制在最大允许电压内，以免出现电压过高造成超级电容结构被破坏的现象。

超级电容的缺点可归纳如下：

（1）能量密度低。超级电容的能量密度为 1^{-10} Wh/kg，约为锂电池的 1/10。

（2）端电压变化较大。超级电容的端电压在充放电过程中不断变化，因此需要在储能元件和负荷之间安装调压装置才能保持负荷侧电压稳定，使得储能系统的成本增加。

（3）价格昂贵，超级电容单体的价格为锂电池的数十倍。

超级电容在可再生能源发电系统应用中意义重大。风电、光伏等可再生能源发电系统可以带负荷独立运行也可以并网运行。在独立运行系统中，由于可再生能源电源输出功率随着天气的变化而变化，很难调节其输出功率大小来满足负荷的功率需求。为此，需在独立系统内安装储能系统，当出现功率盈余时，由储能元件存储多余的电能；当出现功率缺额时，储能元件释放电能，以保持独立系统内功率的实时平衡，保证负荷的电能质量满足要求。在并网运行系统中，可再生能源电源作为电网内的一个电源向电网注入功率。由于可再生能源电源难以像常规的水电和火电机组能制定和实施准确的发电计划，当大规模可再生能源并网运行，电力系统需拥有较大容量的旋转备用才能应对其输出功率波动，以保持电网的稳定运行。如果电力系统旋转备用不足，或者旋转备用出力难以随着可再生能源功率波动快速调节出力，则会出现电力系统功率和电压波动，降低电能质量。为此，需在可再生能源出口侧安装储能电站以平抑其功率波动，降低可再生能源直接并网对电力系统的影响。

目前，已有在可再生能源出口侧安装蓄电池储能电站来平抑其功率波动的应用，在平抑功率波动的过程中储能电站需要根据可再生能源电源的功率波动实时调整其充放电功率，频繁的小循环充放电将损坏蓄电池的性能，降低了蓄电池的使用寿命。此外，在独立系统中，为满足电机启动等脉冲负荷的功率需求，蓄电池需进行大功率放电，这也将损坏蓄电池的性能和结构，缩短蓄电池的使用寿命，增加蓄电池的更换次数。超级电容在大功率和小循环充放电时不会损坏其性能和结构，其充放电循环次数高达数十万次。如果以超级电容储能电站平抑可再生能源功率波动，则在使用过程中不需要更换储能模块；如果利用超级电容和蓄电池组成混合储能系统，由超级电容承担短时的脉冲功率，由蓄电池承担波动较为平滑的功率，将延长蓄电池的使用寿命，减少蓄电池的更换次数。因此，研究超级电容储能技术及其在可再生能源发电系统中的应用具有重要的意义。

超级电容具有大功率和快速充放电性能，被广泛应用在需提供短时大功率和需快速充电的场合。其发展与应用状况可总结如下：

（1）电动汽车和混合动力汽车在启动和爬坡时需要消耗较大的能量，由于汽车中蓄电池的充放电功率较低，如果为满足汽车启动和爬坡的性能需求而增大蓄电池容量，不仅增加了汽车的体积和重量，而且增加了汽车的成本。为此，在电动汽车中安装超级电容与蓄电池组成混合储能系统，利用超级电容来提供汽车在启动和爬坡时的短时大功率的电能，用蓄电池提供汽车正常行驶所需求的电能，这大幅降低了汽车中储能系统的体积和重量，同时延长了蓄电池的使用寿命。

（2）在燃料电池汽车中，由于燃料电池的功率爬坡速率较低，不能满足汽车快速启动和加速的要求。为此，在燃料电池汽车中加入超级电容可弥补功率爬坡速率低的缺陷，改善汽车性能。

（3）电力系统可能会出现电压波动等电能质量下降的情况，这会造成对电能质量敏感的设备出现停机等现象，导致用户产生巨大的损失，因此这些用户需安装不间断电源以提供短时大功率电能，保证电能质量。超级电容因其具有大功率和快速响应的特点，适合作为不间断电源，目前市场上已有基于超级电容的不间断供电系统的产品。

（4）在数码电子领域，例如数码相机拍照时闪光灯所需的功率较大，为弥补蓄电池放电功率不足的缺点可在数码相机中安装超级电容，与蓄电池组成混合储能系统，由超级电容为闪光灯提供电能。

（5）由于超级电容具有快速充电和能量适中的特点，使其非常适合为公交车提供主动力。城市中公交车往来的路线相对固定，只需在公交车所经过的路线间建设几个充电站，每间隔一段路程让超级电容充一次电即可，由于超级电容的充电时间只需几十秒钟，不会出现因公交车需要充电而耽误行程的现象。2006年8月28日，上海11路超级电容公交电车，即"上海科技登山行动计划超级电容公交电车示范线"投入运营，标志着我国在超级电容的实际应用领域走在了世界前列，该车采用的超级电容器是由上海奥威科技公司完全自主开发的。

近年来，国内、外对超级电容在可再生能源发电领域的应用作了一些研究。电动汽车相对于传统的燃油汽车而言，不仅清洁环保，而且还有一个优势就是其本身可以将其驱动的对象电机当作一个发电机，将制动时所消耗的能量转化为电能，进行重复利用。与之相对，传统的燃油车就不能轻易做到这一点，必须发展为混合动力车才有可能回收制动能量。但是，在另一方面，虽然电动汽车能依赖于本身电机的特性轻松地将车载动能转化为电能，但由于汽车制动过程一般都是很短暂的，故产生的电流将会很大，而一般的车载蓄电池无法承受短时大电流充电，这不仅降低效率，而且会损害电池，降低其使用寿命。由于超级电容可以进行短时大电流充放电，而且充放电循环次数可达上万次，故能很好地解决电动汽车制动能量回收的问题。其次，由于超级电容不仅可以大电流充电，而且可以大电流放电，这使得超级电容可以和动力蓄电池一起作为电动汽车的动力源，为蓄电池进行分担，降低电动汽车对蓄电池的要求，同时改善电动汽车的启动加速和爬坡性能。

7.6 网络化能源技术

互联网能源基于可再生能源和化石能源利用特点，形成众多产能用能一体的市场单元，依托能源物理网和互联网相融合的开放平台，自主、平等地进行能源相关产品和服务的多边交易，实现能源系统效率最优和能源价值的最大化利用，是能源结构生态化、产能用能一体化、资源配置高效化的全新能源生态系统。新奥认为，最近几年，互联网公司不断推进传统能源产业。

1. 能源互联网的概念

试想未来，人们的电动汽车、家用电器、屋顶光伏、电脑、手机等等都变成互相联网的一分子，每个人的能源消耗、碳排放指标和生活需求都能够被打通变成数字化标签，如果未来生活的每一秒钟各种需求都能被积聚起来被导向最有效的生产供给，会是什么样的场景：

拖欠电费时，门口不再会被贴上一张催费单，而是响起一记手机提醒："亲，你忘记了交电费了，记得时刻给自己充电，让自己电力十足哦！"

在平板电脑上手指轻划，就能把自家屋顶多余的光伏发电通过微信卖给附近准备给电动汽车停车充电的陌生人。

每一个家用电器可以根据能耗曲线设置最佳的开关时间并随时远程遥控，建筑物的能耗控制随时依据会议活动类型人数和实时电价进行动态调整。

城市的整体能源消耗和二氧化碳排放随时依据天气和事件变化进行需求侧编排以实现最优。

沙漠和大海里安装的各种新能源发电设备可以通过程序由各国人民竞拍投资自由交易。

以上场景可通过图 7-18 网络化能源示意图展示。所谓能源互联网，简单而言类似信息互联网，所有的能量信息（分布式的产生、供应、消耗）都可以通过网络互联得到及时的反馈，并根据需求予以选择控制。

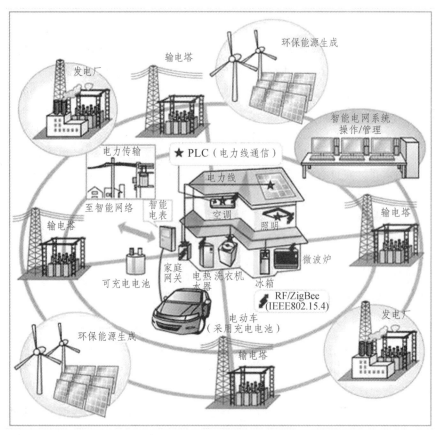

图 7-18　网络化能源示意图

2. 能源互联网和智能电网

能源互联网究竟和智能电网有什么区别？在电网层面，所谓能源互联网和智能电网的区分在于，当可再生能源占到 80% 甚至更高时候，我们的电力系统和电网如何运作和支持这个环境。但是上升到能源层面，能源互联网（Internet of Energy）包含的东西更多，呈现的是一种试图把各种能源形式组合成一个超级网络的大开大合，它包含了智能通信、智能电网、智能交通等众多智能与绿色概念。

174

3. 国内外的能源互联网

目前，美国虽然尚未明确提出能源互联网，但其提出的智能电网却与能源互联网的内涵有诸多相似之处。德国于2008年在智能电网的基础上选择了6个试点地区进行为期4年的E-Energy技术创新促进计划，成为实践能源互联网最早的国家。

目前市面上呈现出三种对能源互联网的理解版本：以华为等通信公司为代表，从通信的角度强调各种设备的互联；以美国Opower等公司为代表，从软件的角度强调第三方数据的优化管理；以国家电网为代表，从国与国之间的角度强调跨区域电网的互联。

国网负责人提出的"全球能源互联网"更加高大上，将能源互联区域扩展到全球的范围。

4. 能源互联网的关键环节

（1）可再生能源作为主要能源廉价供应，并合理联网调度、利用。

以数据形式存在于信息互联网上的信息，其实是非常廉价且可以挖掘的，但是，能源互联网的主要载荷"能量"，却只能从自然界中开采。而且还存在着成本高等问题。

所以要满足互联网的特点，要保障精心构建的"能源互联网"有米下锅，必须要能消化基本"无穷尽"供应的风能、太阳能等。

但由于这些渠道的能量供应有非常强的随机性、间断性和模糊性，将它们成功地并入电网，或用其他形式高效利用，目前还是一件很困难的事情。

（2）支持超大规模分布式发电、储能及其他能源终端的接入平台。

依靠PC、智能移动设备的个人接入者，在信息互联网接入者的数量上占绝大多数。IT业用几十年时间构建了一套由通信协议、路由器、交换机、数据库、服务器等一系列软硬件设施组成的庞大系统，是人类文明迄今为止最伟大的成就之一。

能源互联网想要达到这样的运转效率，需要的技术准备会更多。比如需要一个极强的信息流处理能力，用于预测和监视消费者的需求变化、极端不稳定的能量生产供应变化；同时它还要指挥相应的能量调配部门完成上载与下载能源的分流与整合，这些数据和习惯都是超大规模的；然后，还需要一个极强的能量流处理能力。以智能电网为例，它需要不间断实时完成功率以亿千瓦计的电流变、输、配调节，而且还必须满足实时的供需平衡（由电能特性决定），此外还要再引入分布式清洁能源和市场竞争两个超复杂的变量。

（3）类似互联网技术的能源共享实现。

信息互联网的一大魅力就在于它能够打破地域的限制，因为信息传输的门槛和成本都相对较低。但当我们开始依靠现有的技术输送能量的时候，损耗问题就显得相当严重，人们不得不考虑降低损耗的方法。这些方法要么单位成本极高，如直接运输，这个过程本身就要消耗大量的燃料；要么建设成本和科研成本极高，如特高压输电技术。

相对于信息的传播，能量传输的成本还是高了太多。在能源领域内，油气管道、运煤交通线、特高压输电等话题永远不会离开话题榜的前几名。这样的设施建设往往伴随着庞大的资金规模，数年的建设周期，艰难的科研攻关。

（4）能源的移动互联实现。

移动互联是目前互联网产业的一个重要趋势，但是类比到能量上，就完全是另一回事了。便携的能量转换装置有着效率低、成本高且不便捷的致命弱点。支撑能源移动互联网的储能技术仍待大力推广完善。无线充电技术虽然已经能够给很多小的智能设备充电，但是大规模应用上仍然存在较多问题。而且，强大的电磁能量散播到空间，带来的辐射问题还未得到充分论证。制约电动汽车发展的续航能力、方便性、可靠性、成本等问题亟需解决，与燃油汽车相比，电动汽车还有很长的路要走。

习题与思考题

（1）什么是软开关技术？软开关技术与硬开关相比有什么显著特点？

（2）软开关电路可以分为哪几类？其典型拓扑分别是什么样的？各有什么特点？

（3）简述光伏发电系统的组成，并说明各个组成部分的基本功能。

（4）简述风力发电技术基本分类，并总结每类的特点。

（5）简述电池与超级电容的区别。

（6）试总结对电能网络化概念的基本理解。

参考文献

[1] 王兆安，黄俊. 电力电子技术[M]. 北京：机械工业出版社，2000.

[2] 陈坚. 电力电子学（电力电子变换和控制技术）[M]. 北京：高等教育出版社，2004.

[3] 邢岩，肖曦，王莉娜. 电力电子技术基础[M]. 北京：机械工业出版社，2008.

[4] 郭世明. 电力电子技术[M]. 成都：西南交通大学出版社，2008.

[5] 张涛. 电力电子技术[M]. 北京：电子工业出版社，2009.

[6] 叶斌. 电力电子应用技术[M]. 北京：清华大学出版社，2006.

[7] 黄家善. 电力电子技术[M]. 北京：机械工业出版社，2015.

[8] 浣喜明，姚为正. 电力电子技术[M]. 北京：高等教育出版社，2000.

[9] 康劲松，陶生桂. 电力电子技术[M]. 北京：中国铁道出版社，2010.

[10] 石新春. 电力电子技术[M]. 北京：中国电力出版社，2006.

[11] 张立. 现代电力电子技术[M]. 北京：高等教育出版社，1999.

[12] 谢树林. 电力电子应用技术[M]. 北京：电子工业出版社，2014.

[13] 陈治明. 电力电子器件机车[M]. 北京：机械工业出版社，1992.

[14] 张明勋. 电力电子设备设计和应用手册[M]. 北京：机械工业出版社，1992.